# 盘发造型

## （第2版）


主　编　丁晓霞　田毅敏

副主编　白　菁　丁秀娥　牛春芳

参　编　王志伟　郑志文　程莉琴

张书芳　徐延文　刘建军

吴洪安

北京理工大学出版社

BEIJING INSTITUTE OF TECHNOLOGY PRESS

**图书在版编目（CIP）数据**

盘发造型 / 丁晓霞，田毅敏主编.—2版.—北京：
北京理工大学出版社，2021.11
ISBN 978-7-5763-0721-4

Ⅰ.①盘… Ⅱ.①丁… ②田… Ⅲ.①发型－造型设
计－中等专业学校－教材 Ⅳ.①TS974.21

中国版本图书馆CIP数据核字（2021）第243544号

出版发行 / 北京理工大学出版社有限责任公司
社　　址 / 北京市海淀区中关村南大街5号
邮　　编 / 100081
电　　话 /（010）68914775（总编室）
（010）82562903（教材售后服务热线）
（010）68944723（其他图书服务热线）
网　　址 / http://www.bitpress.com.cn
经　　销 / 全国各地新华书店
印　　刷 / 定州市新华印刷有限公司
开　　本 / 889毫米×1194毫米　1/16
印　　张 / 7
字　　数 / 96千字
版　　次 / 2021年11月第2版　2021年11月第1次印刷
定　　价 / 30.00元

责任编辑 / 时京京
文案编辑 / 时京京
责任校对 / 刘亚男
责任印制 / 边心超

# 前言

PREFACE

习近平总书记在2019年全国教育大会上指出："要全面加强和改进学校美育，坚持以美育人、以文化人，提高学生审美和人文素养。"中等职业学校美发与形象设计专业教学，是对中职学生进行审美培养的重要阵地。因此，本教材在编写过程中，注重融入、渗透审美教育，培养学生的审美能力，提高其美学修养，达到以美立德、以美树人、提升人文素养的目的。

发型是一门综合性的视觉造型艺术。发型的设计与制作，是按照个人的审美理想和审美尺度，运用形式美的规律和造型艺术技巧，结合实践创作经验，对头发进行的艺术创作。因此，发型师要有多方面的知识，能够做到厚积而薄发。

发型美是人头部仪表的物质美、自然美和艺术美的综合。盘发作为发式造型中的一种，以其外在的形式美与内在的意蕴美，深受广大女性的喜爱。在日常生活中，无论是流行式盘发、高雅式编发，还是经典类型盘发，都能够完美演绎女性或端庄、或古典、或艳丽、或高雅、或自然的气质。

党的十九大提出："建设知识型、技能型、创新型劳动者大军，弘扬劳模精神和工匠精神，营造劳动光荣的社会风尚和精益求精的敬业风气。"中等职业学校培养美发与形象设计专业技能型人才，要厚植工匠文化，培养学生恪尽职业操守、崇尚精益求精的工匠精神。

为此，我们依据国家职业标准，基于中等职业学校美发与形象设计专业开设的"盘发造型"专业核心课程，编写了《盘发造型》一书。本书从职业能力培养角度出发，以专业人才培养模式为主要教学形式，力求体现以工作过程为导向的教育理念，满足职业技能考核及行业用人需求。

本书在编写过程中始终坚持以学生为主体、以就业为导向、以职业标准为依据、以职业能力为核心的理念，着眼于学生的职业生涯发展，注重职业素质的培养。全书强调实践性，采用模块任务引领方式组织内容，每个任务都设有任务情境、学习目标、前期准备、方法指引、任务实践、质量标准、课堂评价、课后拓展环节，以便学生在学习模块内容时能够明确学习任务、知识重难点等。本书主要内容包括三个模块，共七个任务，内容结构及课时分配如下：

| 模块名称 | 任务名称 | 课时 |
| --- | --- | --- |
| 生活盘发造型 | 日常盘发造型 | 18 |
| | 休闲盘发造型 | 18 |
| 新娘盘发造型 | 中式新娘盘发造型 | 24 |
| | 韩式新娘盘发造型 | 24 |
| | 欧式新娘盘发造型 | 23 |
| 宴会盘发造型 | 中餐宴会盘发造型 | 23 |
| | 西餐宴会盘发造型 | 22 |

本书每个任务内容都包括理论与技能知识，并将理论知识同技能知识紧密结合，使学生通过学习能够利用理论知识指导技能操作，同时加强实践，提升文化素养。对每个任务中的关键技能点进行重点讲解，由浅入深，环环相扣，新颖，直观。本书模拟真实的工作环境进行实践教学，使学生能够将理论与实践有机融合，有目的地进行实践活动，从而增加了教材的实用性。

本书既是中等职业学校美发与形象设计专业教材，也可以作为行业机构、培训学校美发师培训教材，以及从事美发师职业人士和美发爱好者的自学读物。

本书由丁晓霞、田毅敏担任主编，白菁、丁秀娥、牛春芳担任副主编，参编人员有：王志伟、郑志文、程莉琴、张书芳、徐延文、刘建军、吴洪安。这些老师为本书的编写工作提供了大量的支持和帮助。

由于编者水平和经验有限，书中难免存在疏漏和不足之处，敬请读者提出宝贵意见和建议，在此表示感谢。

**编　者**

# 目录

CONTENTS


## 模块一 生活盘发造型 \\1

模块导读 ······ 2

任务一 日常盘发造型 ······ 3

任务二 休闲盘发造型 ······ 17

【模块小结】 ······ 30

【模块检测】 ······ 31

## 模块二 新娘盘发造型 \\ 33

模块导读 ······ 34

任务一 中式新娘盘发造型 ······ 35

任务二 韩式新娘盘发造型 ······ 52

任务三 欧式新娘盘发造型 ······ 69

【模块小结】 ······ 79

【模块检测】 ······ 79

## 模块三 宴会盘发造型 \\ 81

模块导读 ······ 82

任务一 中餐宴会盘发造型 ······ 83

任务二 西餐宴会盘发造型 ······ 93

【模块小结】 ······ 105

【模块检测】 ······ 106

# 模块一　生活盘发造型

【内容介绍】

生活盘发造型突出简单大方的特点，适用于日常生活、工作和学习，容易梳理，简单实用，造型感少，线条、发丝流向清晰明了。生活盘发在造型上，尽量避免琐碎、繁杂的设计，随处体现随意自然的风格，一般以发辫的形式编结，或用皮筋扎好后简单盘卷而成。生活盘发造型主要包括日常盘发造型和休闲盘发造型两大类。

【学习任务】

1. 掌握生活盘发的特点以及基本的编梳流程。
2. 正确选择梳理工具，重点掌握尖尾梳、皮筋、黑卡的使用方法。
3. 初步掌握马尾、两股辫、三股辫的梳理方法。
4. 能用礼貌用语接待顾客，具有一定的安全意识、卫生意识。

#  日常盘发造型

【任务情境】

日常盘发造型属于生活盘发造型的一种，它容易梳理，简单实用，以发辫的形式编结而成，主要有马尾和两股辫两种类型。日常盘发造型清爽迷人、充满美感，因简单易学，生活气息强，受到众多女性的喜爱。小刘是一位刚刚走上工作岗位的办公室文员，非常想学习一款简洁易梳理、随意自然、充满个性的日常发型。下面我们就来教教她怎么造型吧！

【学习目标】

1. 掌握日常盘发的特点以及基本的编梳流程。
2. 正确选择梳理工具，重点掌握尖尾梳、皮筋、黑卡的使用方法。
3. 初步掌握马尾、两股发辫的梳理方法并了解质量标准。
4. 掌握生活盘发的梳理方法，具备生活盘发的梳理能力。
5. 能用礼貌用语接待顾客，具有一定的安全意识、卫生意识。

## 【前期准备】

知识链接

### 发型师职业的由来

## 一、中国发型师职业的历史

在我国古代，人们一般束发戴冠，极少剃头。剃头就意味着对父母所赐予的生命的不尊重，除非剃度出家、落发为尼。因此，在很长的一段历史时期里，中国没有理发业，人们都不剪头发，以示孝道。但人们并非一辈子都不剃头，婴儿满月需剃胎毛，孩子举行成年礼也需剪发，碰到某些特殊情况，如打仗受伤，也可以剃头。但对于理发师而言，单凭这些不足以养家糊口。所以，最早的理发师傅大多为兼职，一般由乡村接生婆来做。

正式的理发业始于清王朝建立。当时，清廷强迫汉人按照满族人的习俗剃头留辫，正所谓“留头不留发，留发不留头”。中国的理发业由此发展、兴旺起来，剃头也就成了百姓生活中不可或缺的行业。最早的剃头匠叫“待招”，不是手艺人，而是政治官员。清廷为了推行剃发令，组织了专业剃发人员。他们有专业的工具——“剃头担子”，在城市搭建席棚，勒令行人入内剃头；在乡间挨家挨户清查，强剃众人头。至今，在一些落后边远地区，这种理发匠和理发担子仍然存在。

新中国成立后，有了国营理发店，剃头匠改称理发师。改革开放后，又称美发师、发型设计师（发型师）、造型师，其中顶尖高手被尊称为艺术大师。

## 二、西方发型师职业的起源

法国路易九世时期，有人曾对巴黎的从业人员进行职业调查，当时还没有专业的理发师，通常由外科医生兼任“理发师”“假发师”。

大家知道，现在理发店的标志是一个红、白、蓝三色的斜纹圆桶，在营业时不停地旋转，十分显眼。这三色代表什么呢？传说在法国大革命时期，有位革命者曾受到理发师的掩护。革命成功后，他就把革命政府的三色旗帜挂在这位理发师店门前的圆柱上，以表示理发师的功绩。其他的理发店群起效仿，形成风气，延续到现在。

## 三、发型师的职业修养

一名优秀的发型师必须经过长期严格的专业训练，在理论、技艺、思想等方面要有高度的修养，并且经得起时间的磨炼和考验。

发型师的灵魂表现于形、色、韵。形是基础，把形的问题解决好是一项基本功；色是对色彩的感觉，指运用色彩的功力；韵是从外在的表现深入内心，注意个性表达。要将这三种元素完美结合，那就需要发型师的深厚内力。

### （一）深刻的观察力

细致观察顾客的长相，“斤斤计较”脸型的特征、睫毛的长短、皮肤的质地、发色的变化。发型师可在这方寸之地大展拳脚，表现发型的美。

### （二）敏锐的感受力

由于顾客所处的时代、经历、职业、教育背景不同，感受力也不尽相同。同时，感受力也会随意志、情绪、心情的变化而不同。作为从事发型艺术设计的人员，一定要有敏锐的感受力，及时捕捉发型的流行趋势和时尚感觉，从心灵深处感悟，充分挖掘其内涵。

### （三）丰富的想象力

艺术需要别出心裁的想象力，甚至标新立异，实现无限创意。丰富的想象力是发型师创造发型艺术形象的重要技巧，也能提高发型师的内在修养与专业地位。

### （四）熟练的表现力

一个合格的发型师必须具备精湛高超的美发技艺，这样才能做到得心应手，以求创新。基本功的锻炼，虽然艰苦，会使人感到枯燥乏味，但一定要有耐心和恒心。长期坚持下去，就会达到炉火纯青、得心应手的水准。

## 工具准备

①尖尾梳也称分针、削梳，由梳齿和梳柄两部分组成。用于头发分区，挑取、梳理、刮平发片和倒梳头发等，如图 1-1-1 所示。

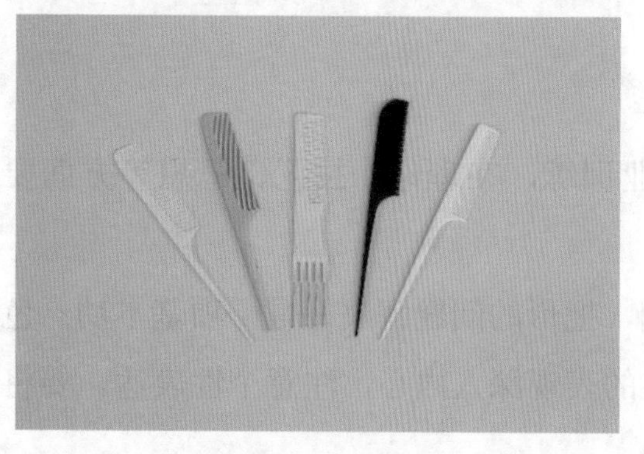

图 1-1-1 尖尾梳

②公仔头也称教习头，用于发型梳理练习。材质有真人发和纤维等，如图 1-1-2 所示。

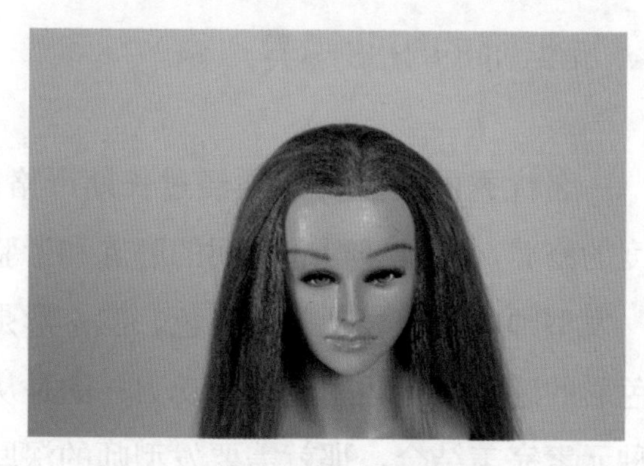

图 1-1-2 公仔头

③皮筋也称橡皮筋，用于捆扎发束。材质需要弹性好、牢固度强、耐老化，如图 1-1-3 所示。

图 1-1-3 皮筋

④黑卡也称棍卡、小黑卡，用来固定发丝。材质有铁和钢等，如图 1-1-4 所示。

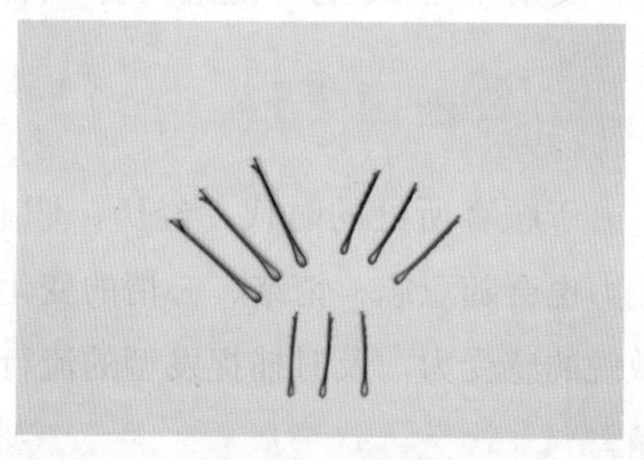

图 1-1-4 黑卡

## 概念梳理

**1．马尾**

马尾是将大部分头发往头后部集中，并竖着扎起来。

**2．发辫**

发辫就是将头发分成股，编成带状。

**3．两股辫**

将发片分成两股，按顺时针方向和逆时针方向进行卷搓，也可称为绳形马尾辫。

## 【方法指引】

### 1．日常盘发种类

（1）高马尾

位于头顶部，与下颌成一条 45 度斜线，如图 1-1-5 所示。

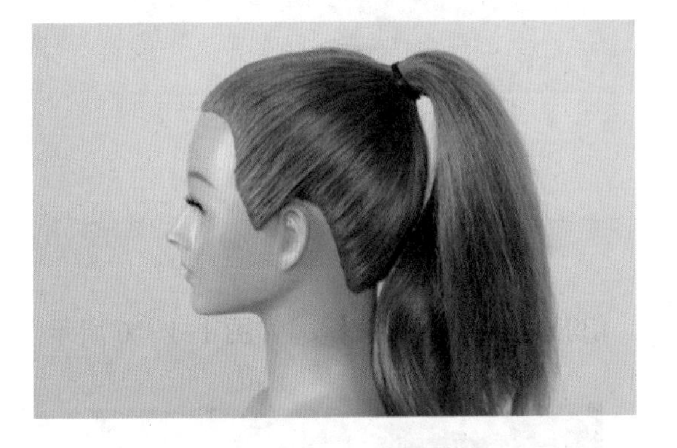

图 1-1-5　高马尾

（2）中马尾

位于头顶部与枕骨之间，如图 1-1-6 所示。

图 1-1-6　中马尾

（3）低马尾

位于枕骨下方，如图 1-1-7 所示。

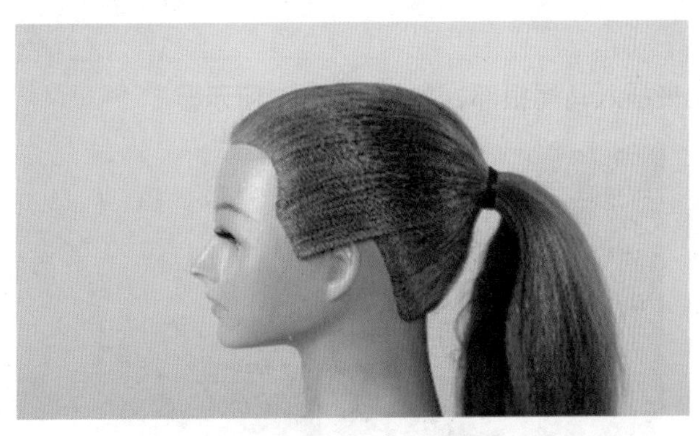

图 1-1-7　低马尾

## 2. 马尾扎梳方法

①右手将头发用发梳梳顺，左手攥紧头发，如图 1-1-8 所示。

（a）

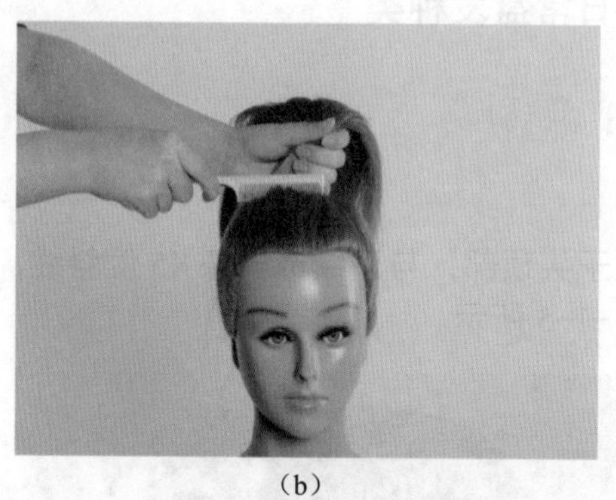
（b）

图 1-1-8　马尾扎梳

②用发夹将皮筋固定于发根部，如图 1-1-9 所示。

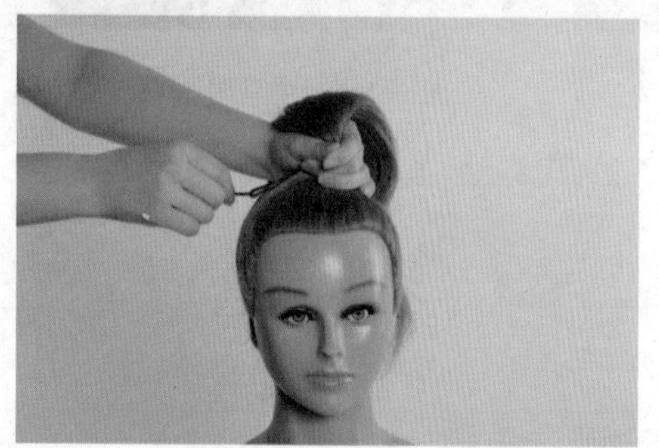

图 1-1-9　固定皮筋

③皮筋紧贴发根缠绕，如图 1-1-10 所示。

图 1-1-10　缠绕皮筋

④皮筋绕紧头发，将发夹插入马尾根部，如图 1-1-11 所示。

图 1-1-11　插入发夹

### 3. 尖尾梳的使用方法

①打毛法：又称倒梳、削梳、逆梳。提起发束，由发干向发根部梳理，如图 1-1-12 所示。

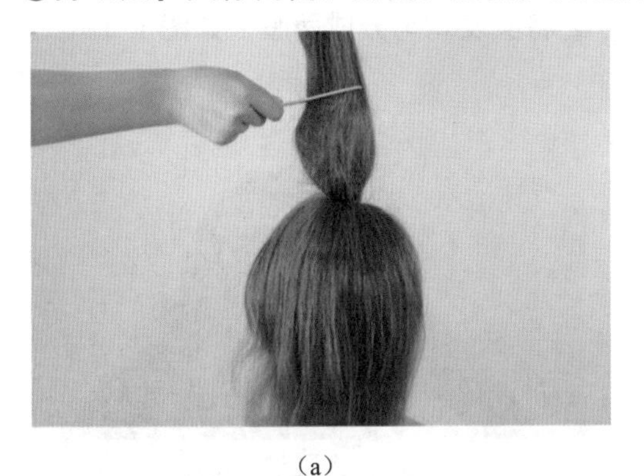

（a）

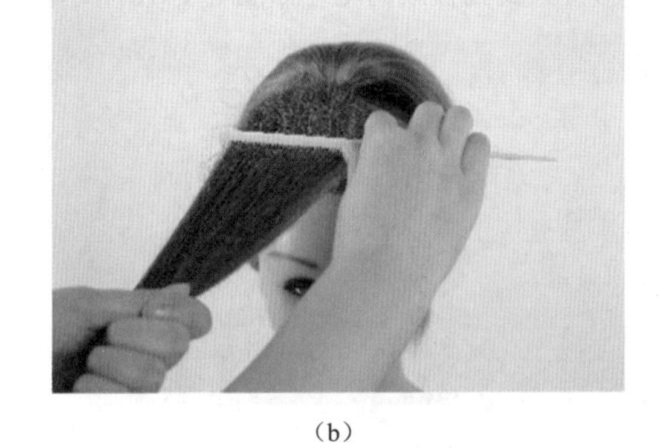

（b）

图 1-1-12　打毛法

②抹梳法：梳齿与发丝呈 30 度角梳理，梳顺发片表面发丝，如图 1-1-13 所示。

图 1-1-13　抹梳法

④挑梳法：将梳柄插入头发，向上抬起头发，调整块面不理想的地方，如图1- 1-15所示。

图 1-1-15　挑梳法

③分梳法：将梳柄与头皮呈 15 度角左右放置，按预想方向滑动，将头发分区，如图 1-1-14 所示。

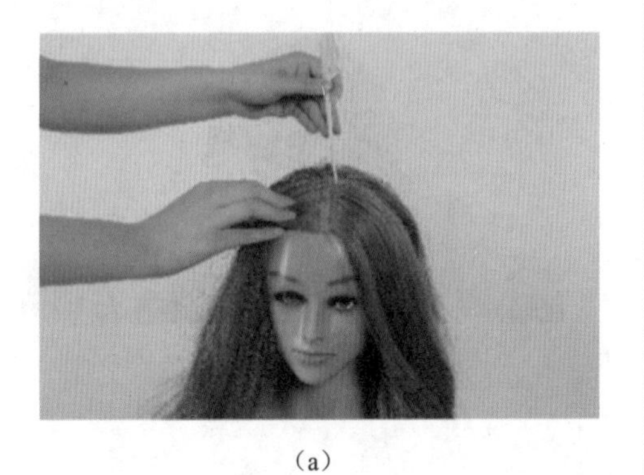

（a）

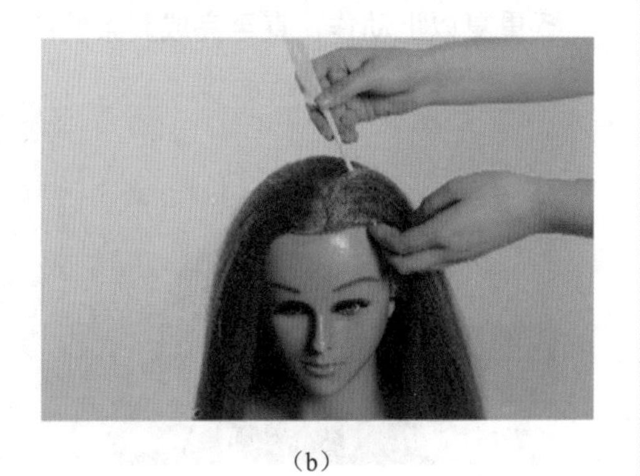

（b）

图 1-1-14　分梳法

### 4. 两股辫的编梳方法

#### （1）正辫的编梳方法

①将头发扎梳成马尾，如图1-1-16所示。

图1-1-16 扎梳马尾

②将头发均匀分成两股，如图1-1-17所示。

图1-1-17 均分两股

③将左侧的头发按逆时针方向拧搓，右侧一股头发也按逆时针方向拧搓，如图1-1-18所示。

图1-1-18 拧搓头发

④用左侧拧好的头发压住右侧的一股，直至形成发辫，用皮筋固定发尾，如图1-1-19所示。

图1-1-19 形成发辫

⑤重复以上动作，直至完成整条发辫的编梳，如图1-1-20所示。

（a）

（b）

图1-1-20 重复拧搓，完成编梳

（2）反辫的编梳方法

①从额前区取一束三角形的发片，如图 1-1-21 所示。

图 1-1-21　取三角形发片

②将发束分成两股，如图 1-1-22 所示。

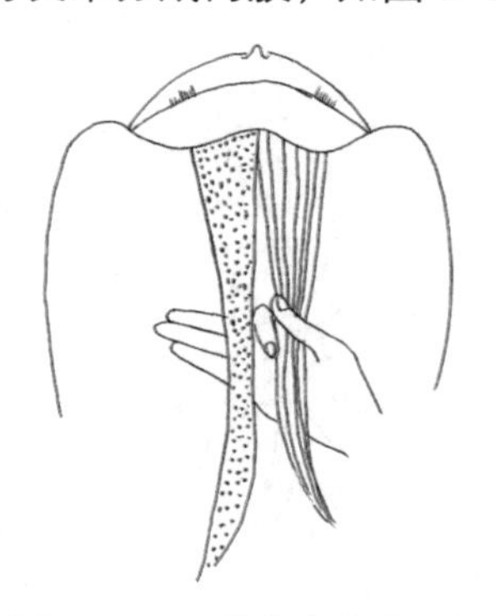

图 1-1-22　将发束分成两股

③将右股头发从上方绕过，压住左股头发，如图 1-1-23 所示。

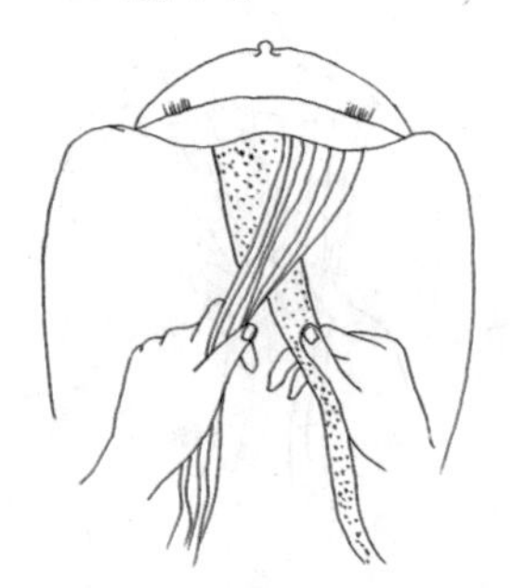

图 1-1-23　将右股头发压住左股头发

④将两股头发放在右手中，食指在两股头发之间，如图 1-1-24 所示。

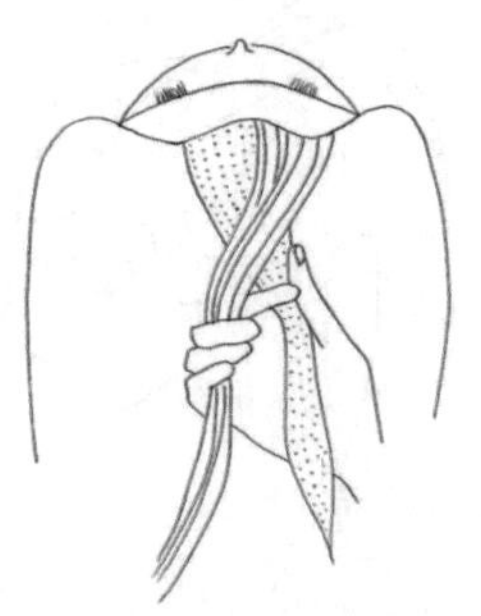

图 1-1-24　右手食指放于两股头发之间

⑤将左边一股头发按顺时针方向拧搓两次，如图 1-1-25 所示。

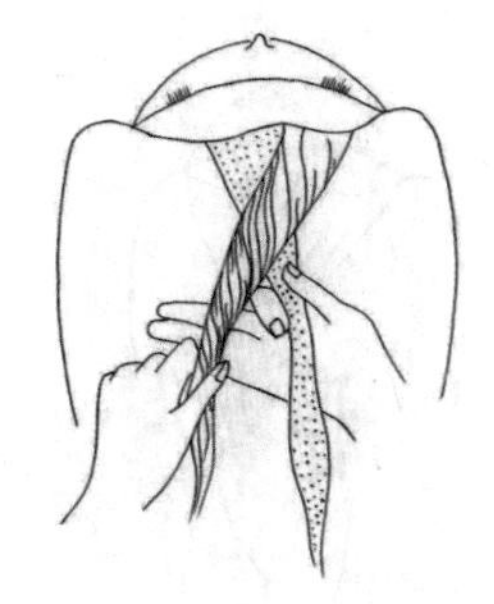

图 1-1-25　顺时针拧搓左股头发

⑥从左手一侧取一束发片，如图 1-1-26 所示。

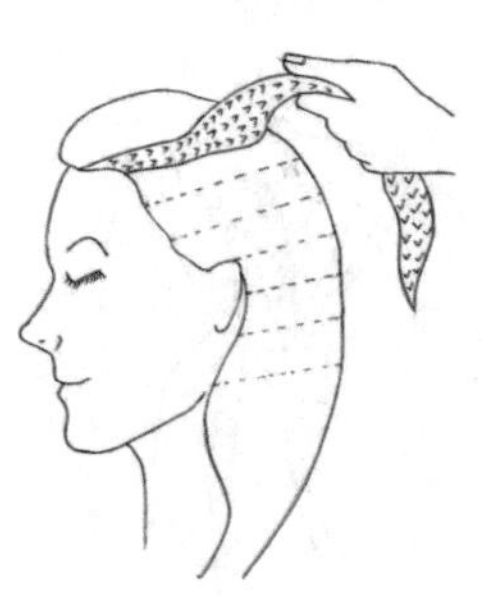

图 1-1-26　取左侧发片

⑦将取出的发束加入左侧的发股中，如图1-1-27所示。

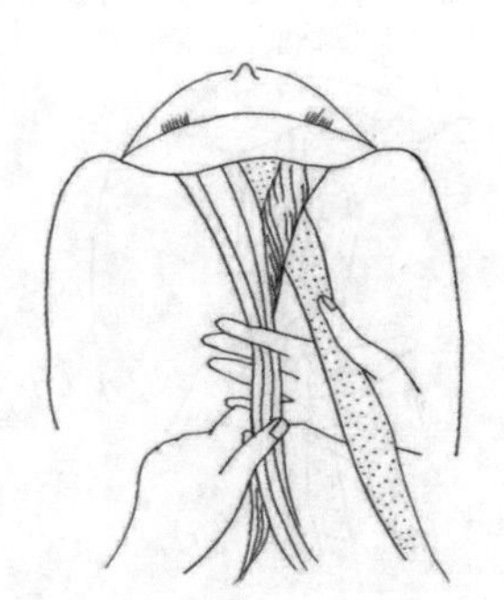

图 1-1-27 将发束加至左侧发股

⑧将两股头发置于左手，食指放在两股头发之间，如图1-1-28所示。

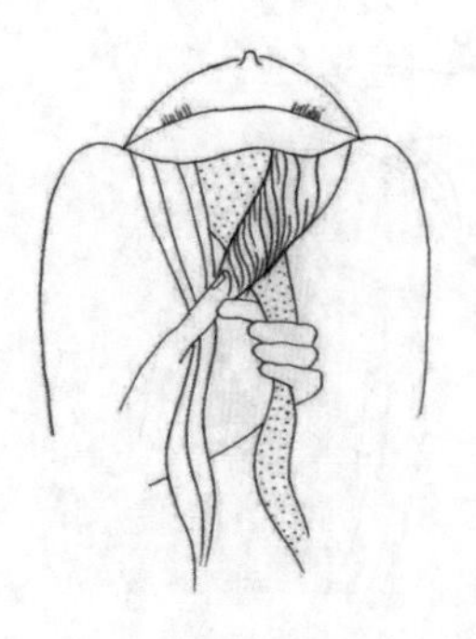

图 1-1-28 左手食指放于两股头发之间

⑨从右手一侧取一束发片，如图1-1-29所示。

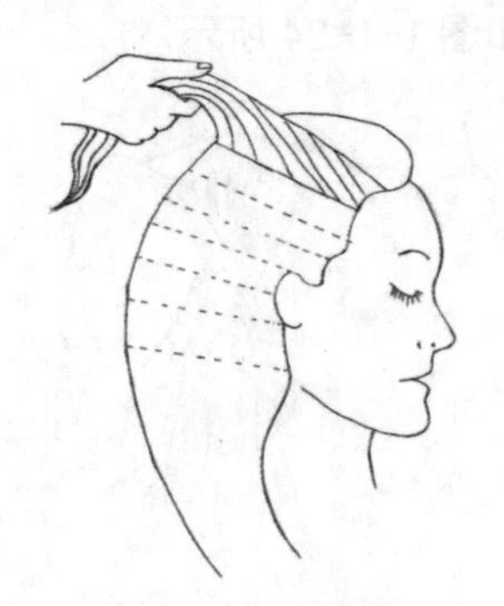

图 1-1-29 取右侧发片

⑩将取出的发束加入右侧的发股中，如图1-1-30所示。

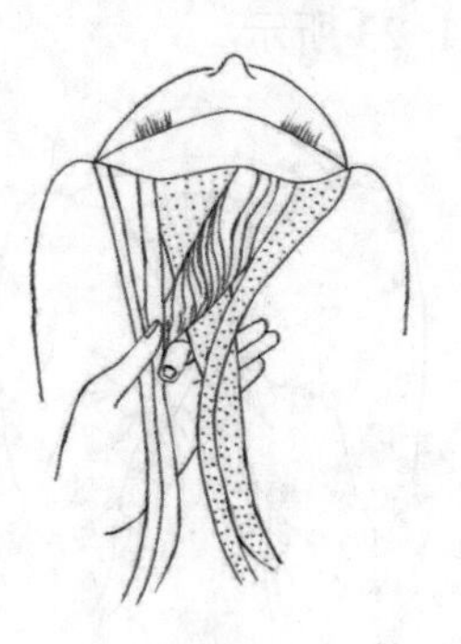

图 1-1-30 将发束加至右侧发股

⑪ 将两股头发置于右手，食指放在两股头发之间，如图1-1-31所示。

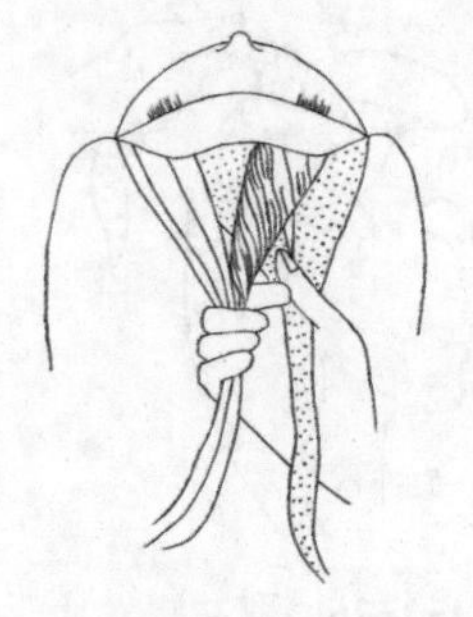

图 1-1-31 右手食指放于两股头发之间

⑫ 右手保持这一位置，向左旋转180度，如图1-1-32所示。

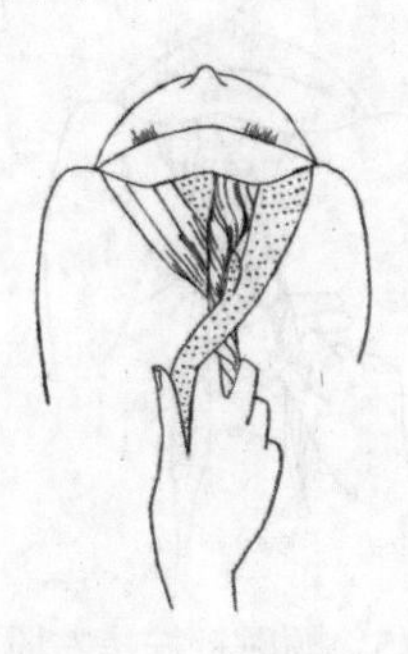

图 1-1-32 旋转右手

⑬ 重复第 4 步到第 12 步，一直向下编，没有发片可取时，用皮筋固定，如图 1-1-33 所示。

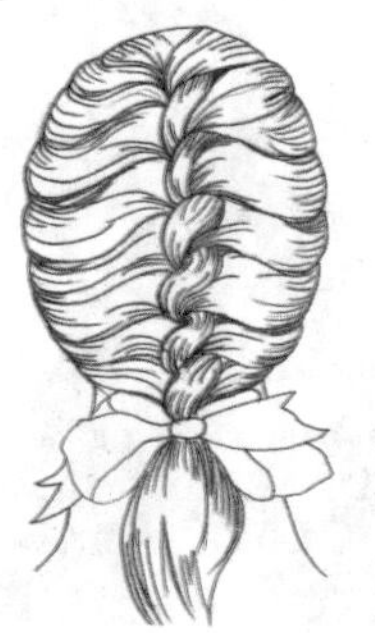

图 1-1-33　重复编梳，直至没有发片

⑭ 也可以将没有发片加入的发辫继续按两股辫编梳方法编完，固定，如图 1-1-34 所示。

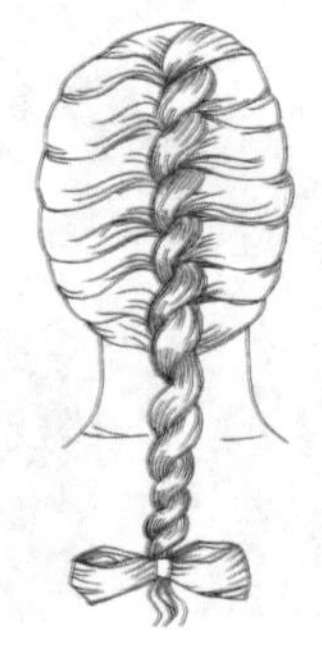

图 1-1-34　按两股辫编梳方法编完，固定

## 【质量标准】

1. 编梳方法正确。
2. 发片薄厚均匀。
3. 发辫发股松紧适度。
4. 发丝纹理清晰、有光泽。

## 【任务实践】

两股辫梳理步骤：

①将头发分成两部分，如图 1-1-35 所示。

图 1-1-35　分梳头发

②从左侧开始，在头前部选择一束三角形的发片，如图 1-1-36 所示。

图 1-1-36　从左侧选择三角形发片

③将三角形发片分成两股，如图 1-1-37 所示。

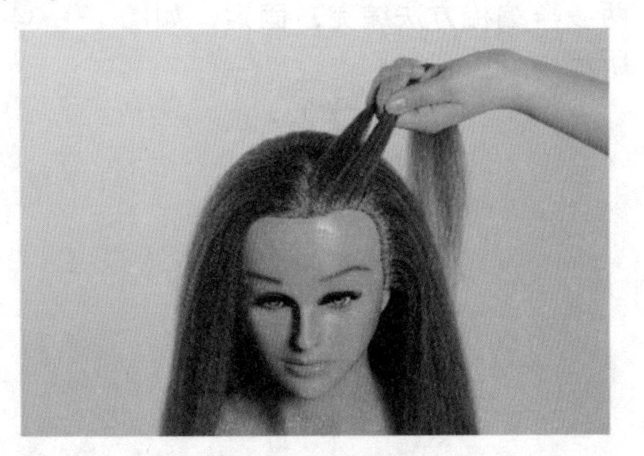

图 1-1-37 分三角形发片为两股

④将两股头发同时向左拧，如图 1-1-38 所示。

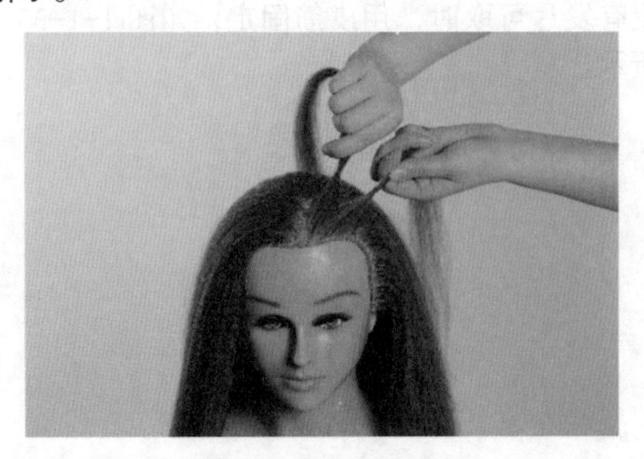

图 1-1-38 将两股头发同时向左拧

⑤将两股头发放在左手上，用食指隔成两股，左手手背一直紧贴头发，如图 1-1-39 所示。

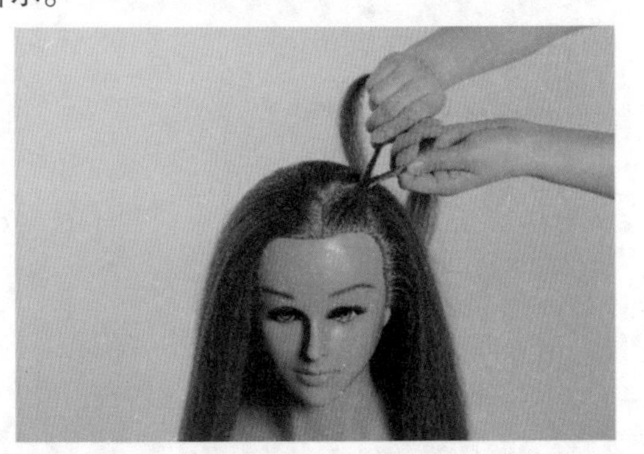

图 1-1-39 将两股头发用左手食指隔成两股

⑥从发际线开始，继续用右手从左手方向取出一个发片，如图 1-1-40 所示。

图 1-1-40 右手取发片

⑦将取出的发片加入右股中，如图 1-1-41 所示。

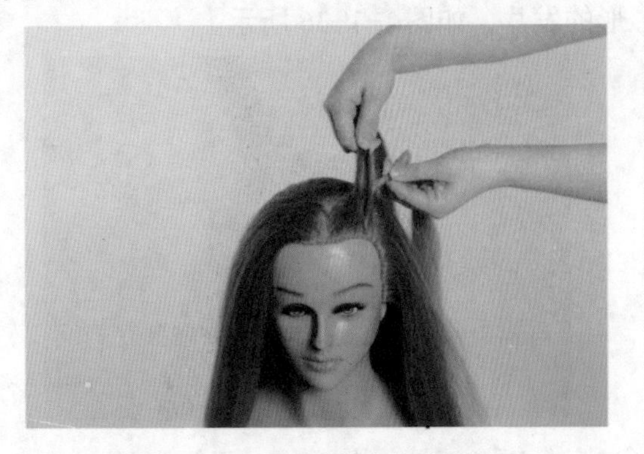

图 1-1-41 将发片加入右股中

⑧将这些发片放入右手，用食指隔成两股，如图 1-1-42 所示。

图 1-1-42 用右手食指隔成两股

⑨右手按逆时针方向缠绕，如图 1-1-43 所示。

图 1-1-43　按逆时针方向缠绕

⑩重复第 5 步到第 9 步，沿头型方向按每次取一个发片进行缠绕，直到颈部发髻线位置为止，用发夹固定。右侧做法与左侧相同，如图 1-1-44 所示。

（a）

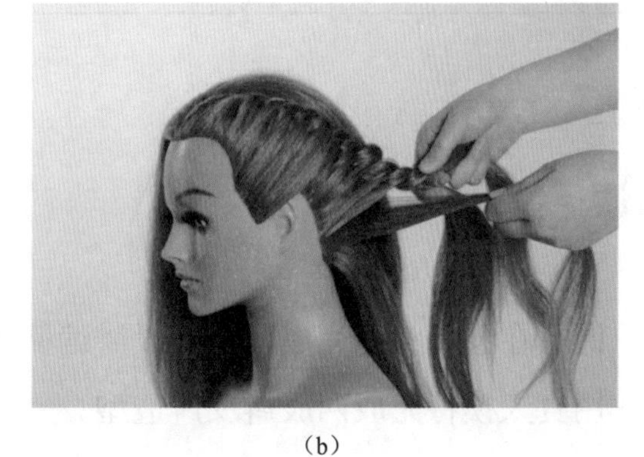

（b）

图 1-1-44　重复编梳

⑪完成效果，如图 1-1-45 所示。

图 1-1-45　完成效果

## 【课堂评价】

可以采用自评或互评等方式进行评价，课堂评价如表 1-1-1 所示。

表 1-1-1　课堂评价

| 评价内容 | 评价方式 | | | 提升建议 |
| --- | --- | --- | --- | --- |
| | 自评 /20% | 互评 /30% | 师评 /50% | |
| 编法正确 | | | | |
| 发片薄厚均匀 | | | | |
| 发辫发股松紧适度 | | | | |
| 纹理有光泽 | | | | |
| 反思评价 | | | | |

## 【课后拓展】

1. 课下在公仔头上完成两个两股辫编梳练习、两个鱼骨辫编梳练习。
2. 用真人模特完成两股辫反辫造型。

# 任务二　休闲盘发造型

## 【任务情境】

休闲盘发造型是发型的一种变形，即将后面的头发捆住并盘起来。休闲盘发造型崇尚休闲，随意自然，端庄中不乏动感，优雅、楚楚动人，活泼中又显华丽，适合休闲场合。李女士要去参加同学聚会，想改变一下自己平时的发型风格，显得活泼休闲一些。下面我们就来为她设计一款造型吧！

## 【学习目标】

1. 掌握休闲盘发造型的特点以及基本的编梳流程。
2. 正确选择梳理工具，重点掌握尖尾梳、皮筋、黑卡的使用方法。
3. 初步掌握三股辫的梳理方法并了解质量标准。
4. 能使用礼貌用语接待顾客，具有一定的安全意识、卫生意识。

## 【前期准备】

### 知识链接

#### 发型发展简史

人类发型的历史可谓源远流长。人类最初的发型受到原始信仰、巫术观念、迷信禁忌、民族习惯等各种因素的影响，同时也有着对自然万物的模仿，并与生活环境相适应。最早的原始人，无论男女都蓄长发，披散于肩头，甚至拖挂于地，任其生长。后来，为了打猎捕鱼和日常生活的方便，人们用绳索、棕丝、藤条等将凌乱的头发束起来或挽成髻，这可能就是最早的发型。

每个民族都有自己独特的发型。在等级森严的奴隶社会、封建社会，发型与装饰往往标志着人们的身份地位与社会等级。如中国古代有髡刑，即剪去犯人的头发和胡须。它是五刑之一，是很严重的惩罚。由此推断，长发也代表了古代社会对人的身份的尊重。在中国，朝代的更替和政治文化的变革也都影响到发型的变化，如清朝男子的长辫发型就是按照满族人的习惯演变而来的。当我们观察千变万化的流行发型时可以发现，其有时崇尚传统复古，有时追求淳朴自然，有时争相标新立异。但是在任何潮流中，发型都会表现出差异性。由于每个人的条件、个性、生活背景不同，在发型的选择上，必然存在着差异。发型个性的展示是发型发展的动力。即使是相同的发型，表现在不同头形、不同发质、不同疏密的情况下，也会产生不同的造型效果。

人类的文化史是一部从“无序”向“有序”演进的历史。美发技术的发展也经历了一个由低级到高级、由简单到复杂的演变过程。这种演变在一定程度上反映了我国的发式艺术的产生是从头饰开始的。从发式的时代特征出发，分析研究它的起源、演变和发展，从中吸取艺术营养，做到“古为今用”，对发展我国现代美发技艺是大有益处的。

远古时代，我们的祖先无论男女都蓄长发，这是因为当时社会生产力低下，受到工具的限制，无法对长发进行修剪和削剃。但披散的头发给生活带来诸多不便，特别是狩猎时，在树林中奔跑，披散的头发绕在树枝上，很容易危及生命。到了新石器时代，为了劳动方便，人们将头发挽在头顶上，用草棍或木棍一插，使其固定，从而形成了最原始的发型，称之为发髻。这时的发式首先有了扎发的造型，并很快发展成编发发型。此时的祖先们开始用绳索、棕丝、藤条等将凌乱的头发束起来或挽成髻，这可能就是最早的发型。

发型作为人类自身的一种修饰文化，从远古时代的无序长披发到现代社会较为有序的长短不一的发型，这种变化历程是人类文化、审美观念逐渐明确，审美能力逐步完善的过程与结果。现代发型除了考虑劳动、生活以及社交礼仪等方面的需要，还应充分考虑人们不同的需求和愿望，用线、块、形、色等表现手段和准确、生动、精致绝妙的造型语言，塑造出完美和谐、风采多姿的发型，体现出不同的个性和不同的审美标准，为人们整体的美丽加分。

## 一、西方发式造型的发展

从旧石器时代到 19 世纪，西方各民族的发式大致可分为三个时期：简单束发时期、盘发时期和假发时期。关于史前时代的发式造型，现在只能从一些考古文献中寻找答案，或者通过绘画、雕塑作品和小说中的描写来了解。当时的发式因民族、地域、气候条件、文化背景的不同而存在很大的差异，其演变也是随着生产力的发展和人们对美的追求而变化的，并有一定的交融汇集。阶级的产生、贫富的差异，也直接反映在人的装束、头饰与发饰上，发型成为权力大小和地位尊卑的标签。西方各民族从石器时代起，就已经懂得为适应劳动和生活的需要而做简单的束发。在法国克鲁马努出土的人头骨像，就从前发中分向后梳，以藤条作箍来束系头发。考古学家认为，最早有意识地进行个人装饰的是早期的埃及人，在埃及艳后克里奥佩特拉时代，修整发型已经成为一种艺术，而精巧的假发及头饰已被使用。

欧洲文艺复兴时期至 19 世纪是西方发型及工艺迅猛发展的阶段，从发髻高耸到卷发披肩，多样的发型、华丽的发饰、各种技艺的产生、男子短发的兴起、职业理发店的形成、假发的盛行等，成果显著。这可以称为西方发型发展的成熟期。

## 二、古代中国头发的历史

古代中国人视头发为一种神灵之物，寄托着民俗心意，有祭神祀祖、祈福求祥、辟邪驱魔、免灾祛病和表白爱意的主观意图，追求一种内在的精神。例如，在我国最早的中药学专著《神农本草经》中，把人的头发作为一种药物，可以“治疗五癃、关格不通，利小便水道，疗人儿惊、大人茎” 。并且取头发浸酒来医治脱发和头疼病。古人还认为头发是精血的结晶，曰：“身体发肤，受之父母，不敢毁伤，孝之始也。”如有毁伤，则为大逆不道。并将其写入《孝经》，成为封建礼教的一种行为规范。这也是古代男女都蓄发的主要原因。由于头发长在头上，而古代执行死刑多是斩首，所以有时某人犯了死罪，却不能杀他，就象征性地割一缕头发表示斩了他的头。最典型的例子就是三国时，曹操在一次巡查时，马受惊践踏了路边的农田。按照他自己制定的法律，这是要砍头的，以示法律的公正和令行禁止。但是，怎么能因此就把曹操杀了呢？所以手下人建议，割掉他一缕头发，表示他已受斩刑。可见，在中国古代，保护头是为人们根深蒂固的观念，剪发只在特殊情况下才会出现，如出家为僧尼、孩子的成年仪式等。

## 三、中国发式造型的演变

从远古到明清时期，中国发式造型的演变大致可以分为三个时期：远古先民的“披发”时期、纺织技术发明后至春秋战国的“辫发”时期、战国至明清的“发髻”时期。历代发髻虽然款式众多，但根据簪的部位不同，可分为三大类：位于颈部的垂髻、结于头顶的高髻，以及清丽典雅的低髻。史前时期，男女都披头散发。夏商时期，人们开始以梳辫子来装饰自己。至西周时期，统治阶级已经有一整套完善的冠服制度。春秋战国时期，百家争鸣，社会思潮趋于活跃，衣冠服饰亦呈现百花齐放之态，男女的辫子略有差异。此后，女子开始挽髻于头。

垂髻流行的时期比较早，以战国、秦汉时代为主。高髻则从东汉、魏晋开始流行，至唐宋达到巅峰，变化之多，令人眼花缭乱。从宋末到明清，发髻逐渐脱去华丽炫目的外衣，走向清丽典雅的造型。秦汉之际，女子成年后开始梳髻，各类发型及其装饰日趋讲究。从遗留下来的历史文物中，可以见到“倭堕髻”“堕马髻”等发髻样式。魏晋南北朝时期，妇女的发式面妆日趋讲究，梳髻不仅是中国女性的特色妆式，还与缠足一样，成为礼教对女性的一种束缚。唐代经济繁荣、文化发达，妇女的发式也最为繁绮。其造型之多、名称之美，堪称空前绝后。据史书记载，唐代妇女的发式多达二三十种，有半翻髻、反绾髻、乐游髻、愁来髻、百合髻、飞云髻、归顺髻、盘桓髻等。宋代，妇女发式多继承晚唐五代遗风，也以高髻为尚。此时，妇女的发髻虽比不上唐代多姿多彩，但也有刻意妆饰、别具一格之处。如南宋时，临安妇女多梳云髻，将头发盘上头顶挽髻，犹如一朵彩云，即所谓“髻挽巫山一段云”。明朝的发式虽不及唐宋时期那么丰富多彩，但也具有一定的时代特色。清朝统治者在关内建立政权以后，强令汉族遵循满族习俗，其中之一就是剃发留辫。清初妇女发式及妆饰还保留本民族的特点，以后逐步发生了明显的变化。

自 1840 年鸦片战争起，中国逐渐沦为半殖民地半封建社会，延续两千余年的封建习俗受到很大的挑战。辛亥革命后，各种束缚人们的禁锢被逐步解开，民风民俗也发生了较大变化，人们的发式妆容也随之改变和开放。民国初年，西洋文化艺术逐渐渗透，民间的发式及妆饰受其影响，朝着明快、简洁的方向发展。年轻妇女除保留传统的髻式以外，又在额前覆一绺短发，时称“前刘海”。20 世纪 30 年代，烫发技术传入中国，一时间人们纷纷效仿，烫起了时髦的发式。发型由传统的挽髻向简洁的方向过渡。

新中国成立初期，中国人的发型以单调、简约为主流。女性多梳麻花辫，其中红绳麻花辫、军帽麻花辫可谓当年的时尚标识；男士发型兴起了三七、四六、中分的分缝发型。20 世纪六七十年代，由于我国的经济还很落后，发式一直没有什么突破性的转变，不外乎“柯湘头”或“马尾巴”。70 年代末开始有了烫发，也就是“大波浪”，而男士一般留“寸头”。改革开放以后，人们蛰伏已久的对时尚美的渴望如井喷一般爆发出来，发型也逐渐解放，开始成为人们的“美丽道具”。随着西风东渐，烫发、染发等时尚美发风潮和技术开始风行，各种新潮发式竞相流行，此起彼伏。发型设计作为一门艺术，开始出现在人们的视野之中，进而在有关学校，如职业学校、艺术类院校开展起来。进入 21 世纪，中国人的视野更加开阔，发型也日趋国际化，这标志着中国美容美发进入了全新的阶段，人们对发型的塑造不再只为单纯的视觉冲击，而以前卫、个性或与大自然的和谐为宗旨。2008 年，北京“奥运头”“世界杯头”等不拘一格的自由塑造，使发型成为一门时尚的艺术。目前的韩式盘头、精致公主头、俏皮蝴蝶结、非主流日系娃娃卷发、波波发型等，更是“百发”齐放，诠释着中国人对精美发型的追求。

## 工具准备

①尖尾梳：也称分针梳、挑梳、削梳。用于将头发分区，挑取、梳理、刮平发片、倒梳头发等，如图 1-2-1 所示。

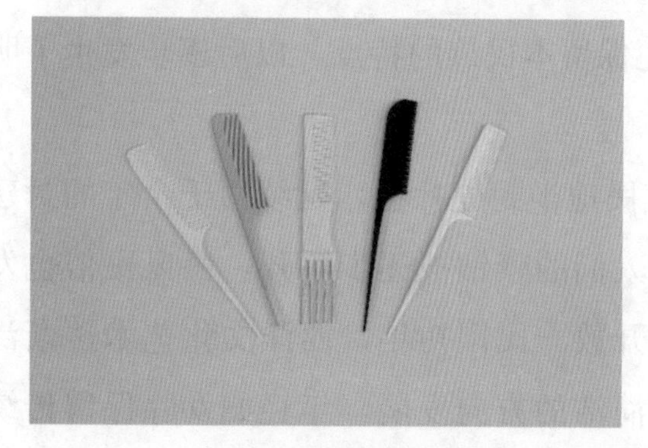

图 1-2-1 尖尾梳

②公仔头：也称教习头，用于发型梳理练习。材质有真人发和纤维等，如图 1-2-2 所示。

图 1-2-2 公仔头

③皮筋：也称橡皮筋，用于捆扎发束。材质需要弹性好、牢固度强、耐老化，如图 1-2-3 所示。

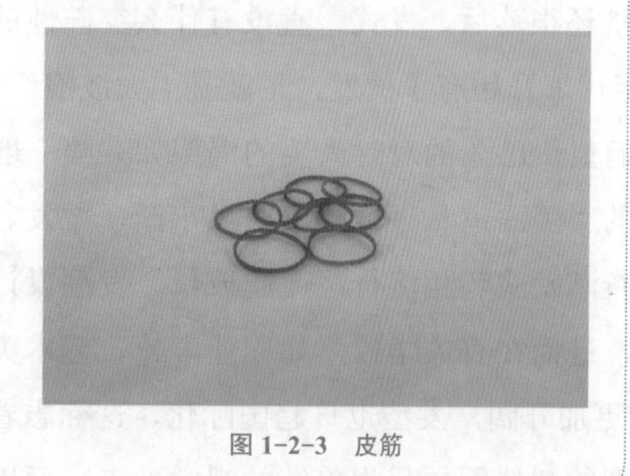

图 1-2-3 皮筋

④黑卡：也称棍卡、小黑卡，用来固定发丝。材质有铁和钢等，如图 1-2-4 所示。

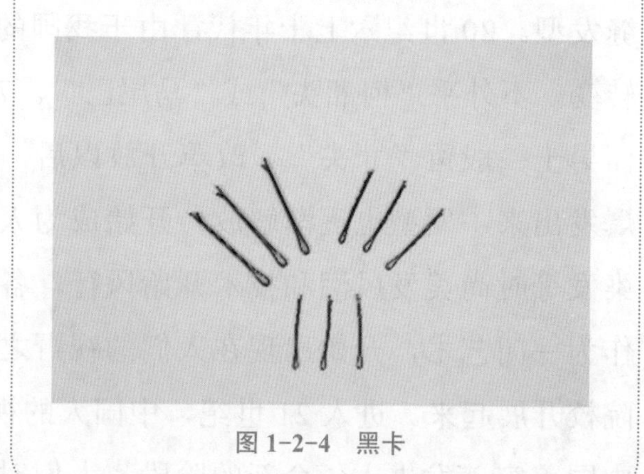

图 1-2-4 黑卡

## 概念梳理

三股辫：将两股头发从中间一股头发上面或下面绕过，逐一编梳，形成发辫。

## 【方法指引】

### 1. 三股辫的种类

①正辫，如图 1-2-5 所示。

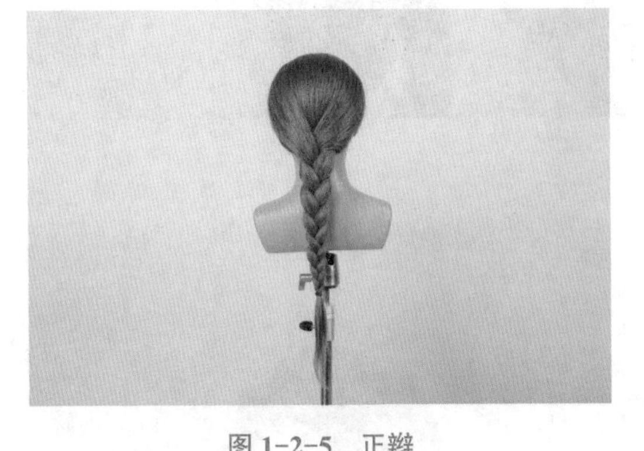

图 1-2-5　正辫

②反辫，如图 1-2-6 所示。

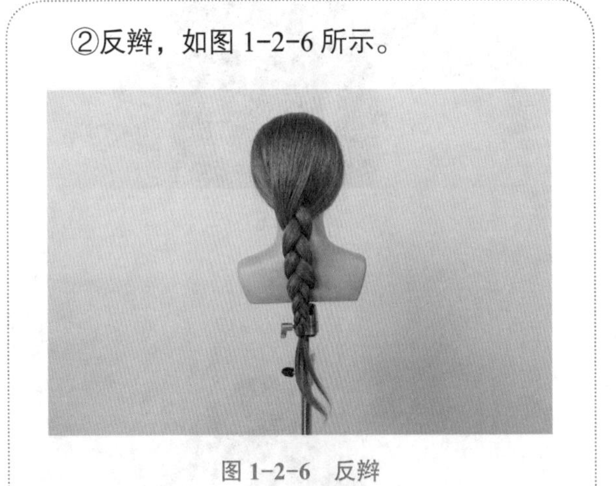

图 1-2-6　反辫

### 2. 三股辫的扎梳方法

（1）三股正辫的扎梳方法

①将头发分成均匀的三股，从左向右依次为："1" "2" "3"，如图 1-2-7 所示。

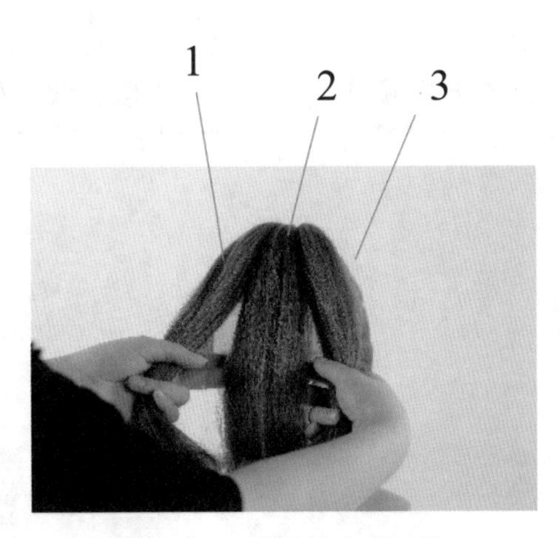


图 1-2-7　将头发分成三股

②按“1”压“2”反“3”，编梳成发辫，如图 1-2-8 所示。

（a）

（b）

（c）

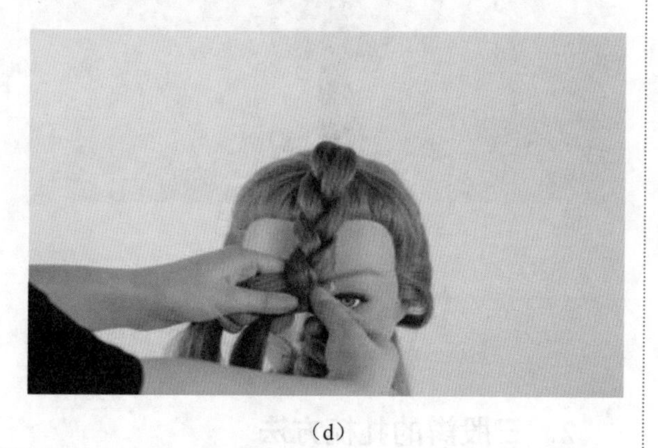

（d）

图 1-2-8　编梳发辫

（2）三股反辫的扎梳方法

将头发分成均匀的三股，从右向左依次为：“1”“2”“3”，按“1”反“2”压“3”，编梳成发辫，如图 1-2-9 所示。

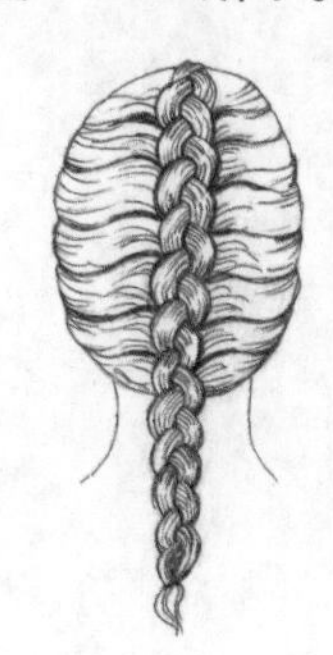

图 1-2-9　反辫

（3）三股带辫的扎梳方法

①取适量头发，平均分成三股，分别命名为：“1”“2”“3”，如图 1-2-10 所示。

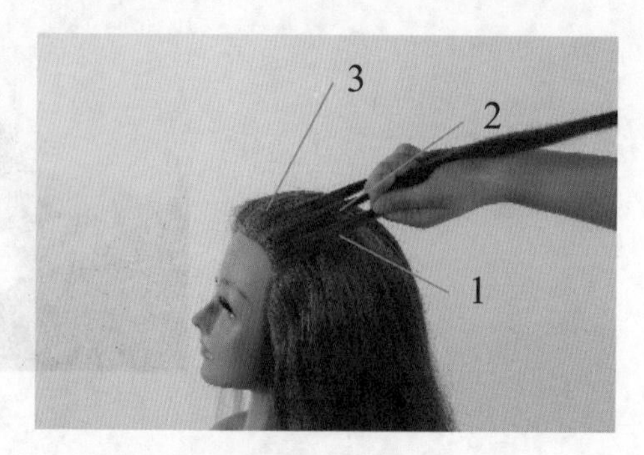


图 1-2-10　将头发分成三股

②“1”压“2”，“3”压“1”，“2”压“3”（捋顺发丝），如图 1-2-11 所示。

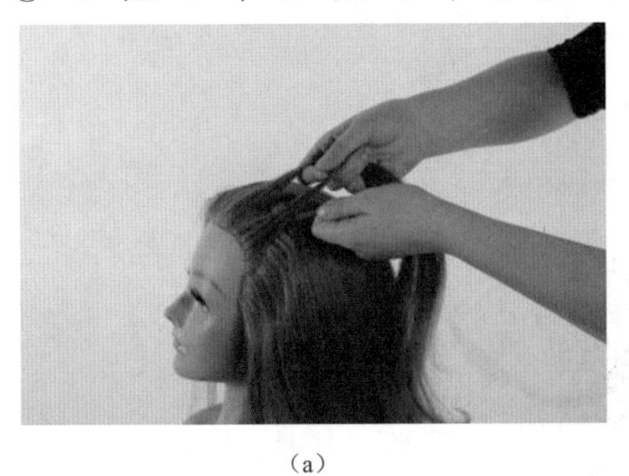
（a）

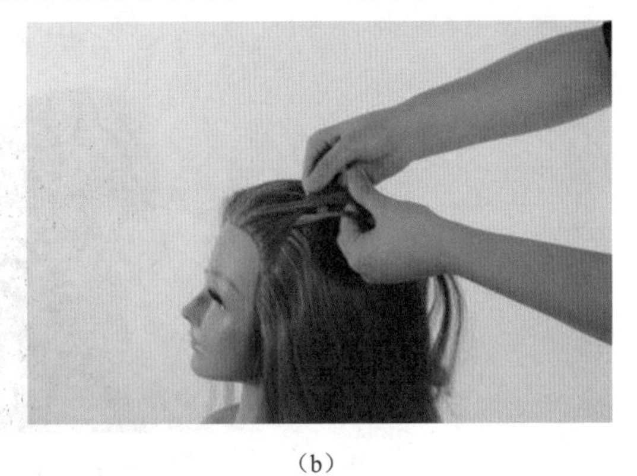
（b）

图 1-2-11　捋顺发丝

③从“1”侧取一束头发，续进编梳的发辫（每次都从“1”侧续进一束头发，捋顺发丝），如图 1-2-12 所示。

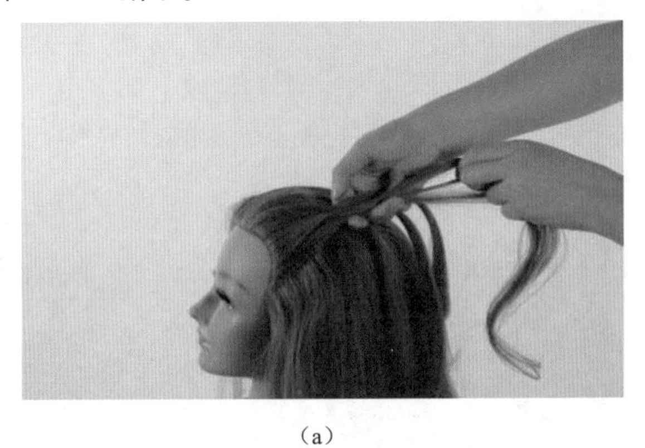
（a）

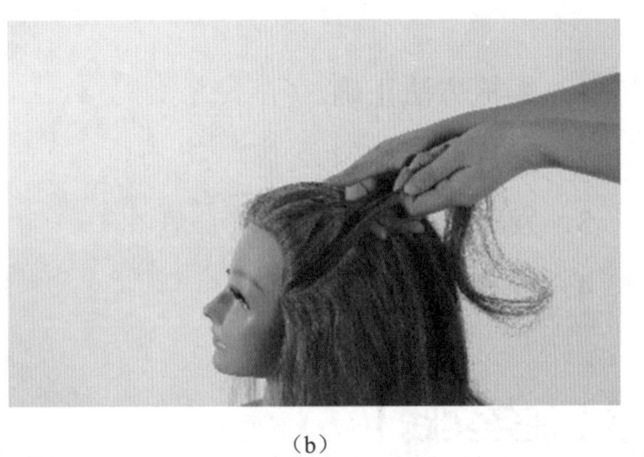
（b）

图 1-2-12　续进头发

④重复以上步骤，直至完成发辫，如图 1-2-13 所示。

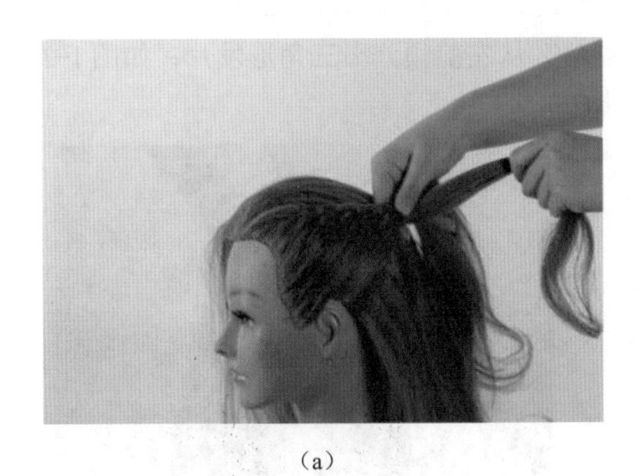
（a）

（b）

图 1-2-13　完成发辫

⑤整理发辫，如图 1-2-14 所示。

图 1-2-14　整理发辫

## 【质量标准】

1. 编梳方法正确。
2. 发片薄厚均匀。
3. 发辫发股松紧适度。
4. 纹理清晰，有光泽。

## 【任务实践】

三股带辫梳理步骤：

①分区，如图 1-2-15 所示。

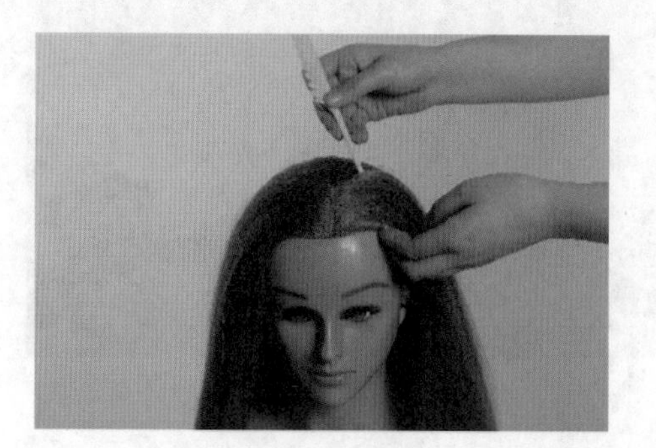

图 1-2-15　分区

②从左前额分出三角形发片，如图 1-2-16 所示。

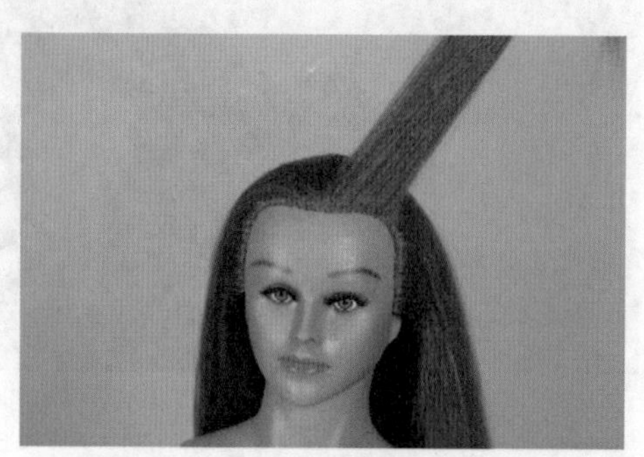

图 1-2-16　从左前额分出三角形发片

③把左侧的三角形发片分出三股头发："1""2""3"，如图 1-2-17 所示。

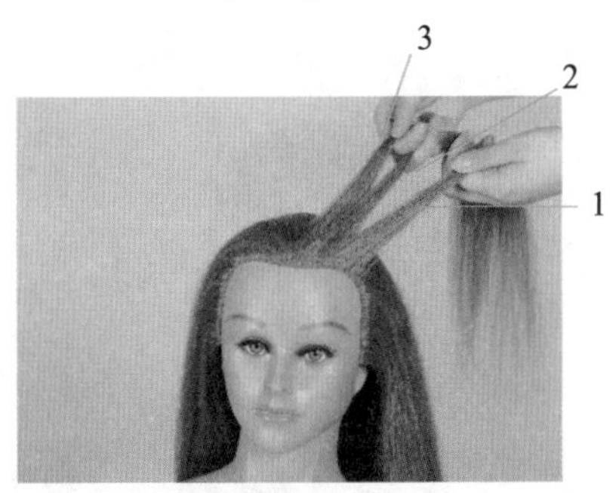


图 1-2-17　把左侧的三角形发片分出三股头发

④"1"压"2"，如图 1-2-18 所示。

图 1-2-18　"1"压"2"

⑤"3"压"1"，如图 1-2-19 所示。

图 1-2-19　"3"压"1"

⑥从"1"侧续进一股头发，加入编梳的发辫并编结，如图 1-2-20 所示。

图 1-2-20　从"1"侧续头发

⑦按同样的方法编梳，如图 1-2-21 所示。

图 1-2-21　继续编梳

⑧按照前面的步骤，编梳右侧头发至右耳后侧，如图 1-2-22 所示。

图 1-2-22　编梳右侧

⑨用同样的方法完成右侧头发编梳，如图 1-2-23 所示。

图 1-2-23 完成右侧编梳

⑩将余下的头发按三股辫编完，如图 1-2-24 所示。

图 1-2-24 编结余下的头发

⑪将发梢向上内卷固定，如图 1-2-25 所示。

(a)

(b)

图 1-2-25 向上固定发梢

⑫将另一条发辫发梢向上卷起，与第一条发辫形成一体，如图 1-2-26 所示。

图 1-2-26 卷起另一条发辫发梢

⑬将发梢向下内卷固定，如图 1-2-27 所示。

图 1-2-27 将发梢向下内卷固定

⑭ 背面效果，如图 1-2-28 所示。

图 1-2-28　背面效果

⑮ 侧面效果，如图 1-2-29 所示。

图 1-2-29　侧面效果

## 【课堂评价】

可以采用自评或互评等方式进行评价，课堂评价如表 1–2–1 所示。

表 1–2–1 课堂评价

| 评价内容 | 评价方式 | | | 提升建议 |
|---|---|---|---|---|
| | 自评 /20% | 互评 /30% | 师评 /50% | |
| 编法正确 | | | | |
| 发片薄厚均匀 | | | | |
| 发辫发股松紧适度 | | | | |
| 纹理有光泽 | | | | |
| 反思评价 | | | | |

## 【课后拓展】

1. 课下在公仔头上完成两个单侧三股带辫编梳练习，2 个双侧带辫编梳练习。
2. 用真人模特完成三股双侧辫的发型。

## 【模块小结】

本单元主要介绍了盘发工具的概念及特点，马尾、两股辫、三股辫的梳理方法和步骤。通过对基础知识的讲解，帮助学生完成工作任务。

## 【模块检测】

### 一、判断题

1．尖尾梳是盘发造型中的一般工具。（　　）

2．尖尾梳又称分针、削梳、剪发梳。（　　）

3．马尾按位置分可分为高马尾、中马尾、低马尾。（　　）

4．黑卡是用来固定头发的。（　　）

5．教习头也叫公仔头，是用来练习盘发的工具。（　　）

6．尖尾梳不能用来分发区。（　　）

7．黑卡越宽越好。（　　）

8．皮筋是用来扎梳发辫的，它的弹性、张力不用太好。（　　）

9．两股辫编梳时发丝要顺，松紧适中。（　　）

10．三股辫在编梳时，发辫中的发股不用均匀。（　　）

11．发辫就是将头发分成两股或两股以上，按一定反压关系编成带状物。（　　）

12．两股辫就是将发辫分成两股，按顺时针或逆时针方向进行卷搓。（　　）

13．三股辫是最常见的一种编发方法。（　　）

14．两股辫自然且手法简单，却是编发中最为基础的技术。（　　）

15．发辫造型适用于短发女士。（　　）

16．三股辫可分为正辫、反辫。（　　）

17．发辫的松紧程度是由发量决定的。（　　）

18．三股辫造型简单大方、立体饱满。（　　）

19．两股辫也称绳形马尾。（　　）

20．黑卡以钢制为佳。（　　）

### 二、选择题

1．三股辫造型简单大方、（　　）。

A．立体饱满　　B. 精致　　C. 美观

2．三股辫通常可以为正辫和（　　）两种。

A．反辫　　B. 圆辫　　C. 长辫

3. 两股辫与（　　）的结合，可以使造型更加委婉妩媚、气质非凡。

A. 两股辫　　B. 三股辫　　C. 马尾辫

4. 发辫的松紧程度根据（　　）的特殊需求调整。

A. 长度　　B. 造型　　C. 发量

5. 低马尾位于（　　）下方。

A. 头顶　　B. 枕骨　　C. 颈部

# 模块二　新娘盘发造型

# 模块导读

## 【内容介绍】

新娘盘发突出圣洁、秀丽与高雅的风格特点，烘托新娘身上的喜庆气氛。线条明快、发丝流向清晰明了。配以鲜花、钻饰、珍珠等饰物，给人以自然、清新、纯洁或甜美的感觉。一般常用发环、发包、发卷盘卷而成。新娘盘发造型一般包括中式新娘盘发造型、韩式新娘盘发造型和西式新娘盘发造型三大类。

## 【学习任务】

1. 掌握各类新娘盘发造型的特点以及基本的梳理流程。
2. 正确选择梳理工具，重点掌握尖尾梳、皮筋、黑卡、包发梳的使用方法。
3. 初步掌握马尾、两股辫、三股辫的梳理方法。
4. 能使用礼貌用语接待顾客，具有一定的安全意识、卫生意识。

# 任务一 中式新娘盘发造型

## 【任务情境】

中式新娘盘发造型属于新娘盘发造型的一种，常用红色点缀，来增添古典优雅之美，给人惊艳的感觉，让新娘在不经意间散发出迷人气质。李女士定于5月1日结婚，婚礼的形式是传统中式婚礼。为了与当天的礼服搭配，需要为她设计一款中式新娘盘发造型。

## 【学习目标】

1. 掌握中式新娘盘发的特点以及基本的梳理流程。

2. 正确选择梳理工具，重点掌握尖尾梳、皮筋、黑卡、包发梳、发胶的使用方法。

3. 初步掌握单边包髻、双边包髻的梳理方法，中式新娘盘发造型的梳理方法及质量标准。

4. 能使用礼貌用语接待顾客，具有一定的安全意识、卫生意识。

## 【前期准备】

### 知识链接

### 盘发与脸型

## 一、盘发

新娘盘发是一门综合性的艺术。任何一个发型都不是孤立存在的，要结合新娘的脸型、身型、年龄、气质、职业，还要结合婚礼当天的服装、色彩、饰品、场所等众多因素来进行设计。只有全面考虑以上各种因素，处理好彼此之间的微妙关系，才能设计出个性时尚、创新独特、具有时代气息的新娘盘发造型。

## 二、脸型

世界上找不到两片相同的叶子，即使是双胞胎，也会有细微的差别。因此，每个人都是世界上的唯一。经过科学的测试与统计，人们首先根据脸型的共性和相似点，将其分为七大类，然后通过对这七种脸型的剖析，总结出顾客是哪种脸型或比较接近哪种脸型。当你知道顾客的脸型后，便可以通过发型设计的原理来塑造一张完美的脸。如果你认为顾客的脸型是不同脸型的混合体，那么，选一种最为接近的脸型进行设计。

**1．甲字脸**

甲字脸又称鹅蛋脸，脸部整体宽度、长度适中，从额头、面颊到下颏，线条修长俊秀。甲字脸长久以来被视为最理想的脸型，也是发型师用来设计完美发型的依据。甲字脸适合中式风、日韩风、英伦风、欧美风、田园风等各种漂亮发型。

**2．申字脸**

申字脸的人面部一般比较清瘦，骨突出，下颏尖，发际线较窄，面部比较立体，给人一种机敏、理智、冷艳的感觉。申字脸最接近标准脸型甲字脸。在设计发型时，头顶不宜过高，可选择蓬松自然的造型，也可选择自然轻松的刘海儿。额头两侧宜蓬松，颈部也可适当采用侧发或夹卷来修饰。

**3．田字脸**

田字脸的人脸部长度与宽度相近，下颏突出、方正，线条平直、方正、有力，棱角分明。面部会给人一种坚毅、刚强、堂堂正正、富有正义感的印象。在设计发型时，适宜梳高一些。增加高度、曲线轮廓、卷发线条感会对田字脸起到改变直线条印象的直接作用。刘海儿适宜四六、三七不对称分缝，可增加视错感，可适当采用侧发或夹卷来修饰。

**4．由字脸**

由字脸的人额头较窄，下颌骨偏宽，整体脸形呈梨形。多数会给人稳重、憨厚、威严的印象，也会给人发福、有福相的感觉。在设计发型时，顶发和前额两侧蓬松为好，宽度最好与下颌骨平齐或自然宽出一些。乱而有型的发型会有效地改变由字脸的沉重与压抑感。

**5．国字脸**

国字脸的人脸型偏长，额头与下颌骨的轮廓硬朗且方正。给人正直、严肃、生硬、呆板等印象，缺乏柔美的感觉。在设计发型时，不宜高点定位。刘海儿宜侧分后发梢卷翘，增加动感，加强宽度感或制造卷度，增加蓬松感。

**6．钻石脸**

钻石脸也称为倒三角形脸，额头过宽，下颏过尖，消瘦感很强。多数会给人聪明、小巧、小家碧玉的印象，很精致。在设计发型时，体积不宜过大，下颏两侧或单面适宜做发髻或不规则的发辫，从而增加下颏的宽度。

**7．圆形脸**

圆形脸的人脸短颊圆，骨结构不明显，整体感觉近似圆形。圆形脸给人可爱、明朗、活泼和平易近人的印象，看起来比实际年龄小。在设计发型时，刘海儿宜高耸，或将顶发增高，尽量避免用发卷或曲线的线条来造型。拉长脸部的造型可增加脸的长度，增加棱角感。

## 工具准备

①尖尾梳，如图 2-1-1 所示。

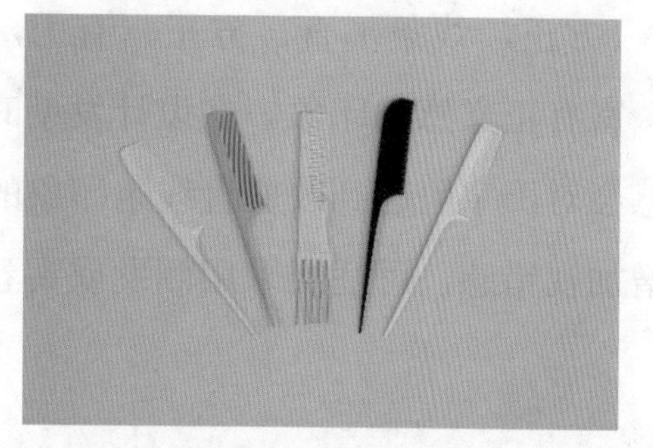

图 2-1-1 尖尾梳

②公仔头，如图 2-1-2 所示。

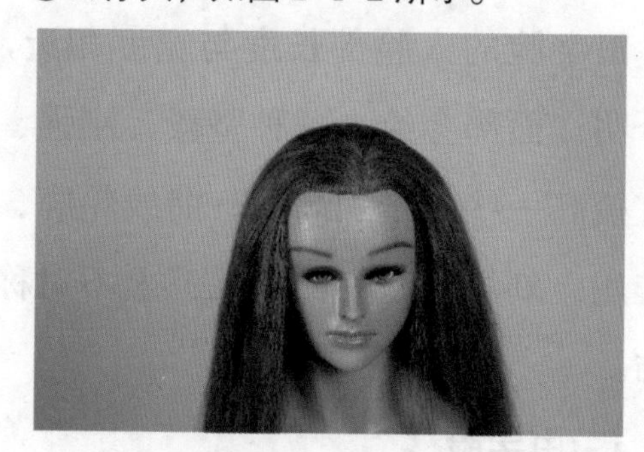

图 2-1-2 公仔头

③皮筋，如图 2-1-3 所示。

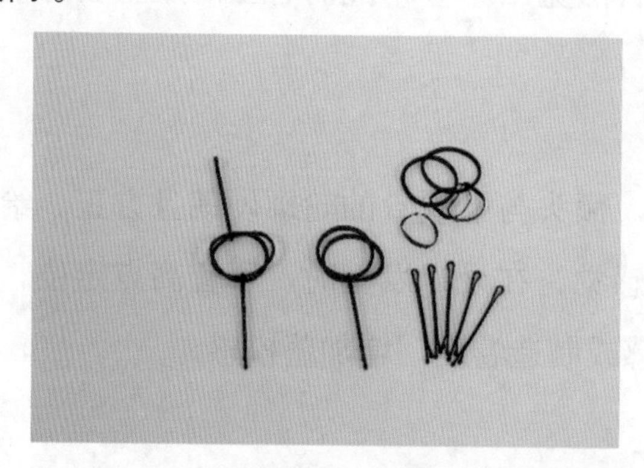

图 2-1-3 皮筋

④发夹，如图 2-1-4 所示。

(a)

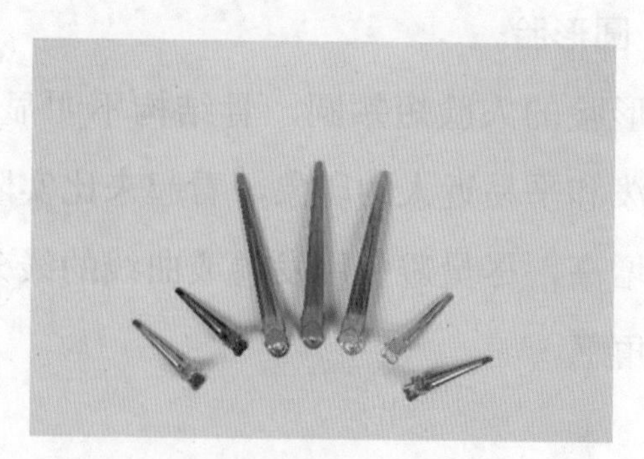

(b)

图 2-1-4 发夹

⑤黑卡，如图 2-1-5（a）和图 2-1-5（b）所示。

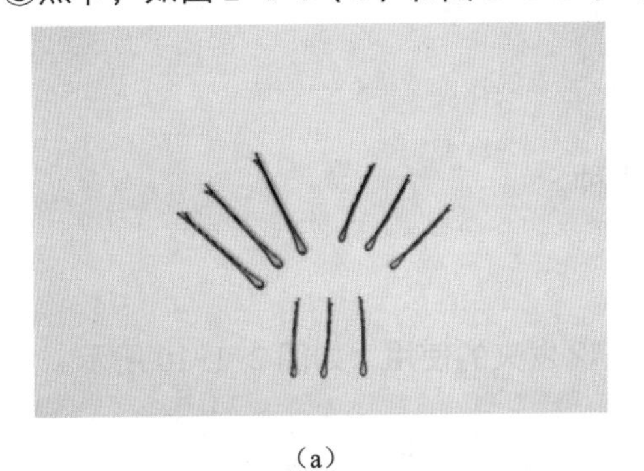

（a）

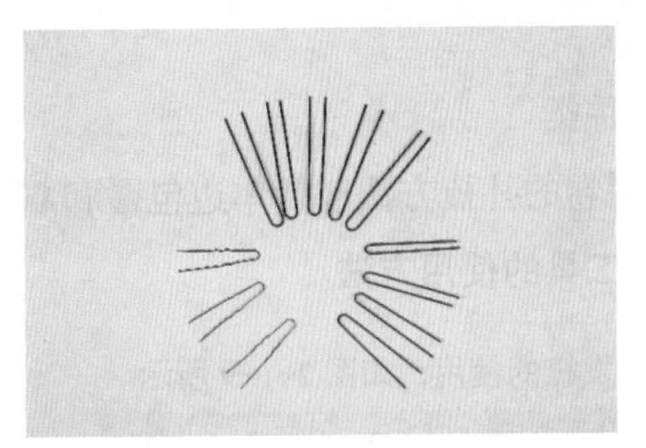

（b）

图 2-1-5　黑卡

⑥包发梳，如图 2-1-6 所示。

图 2-1-6　包发梳

⑦发胶，如图 2-1-7 所示。

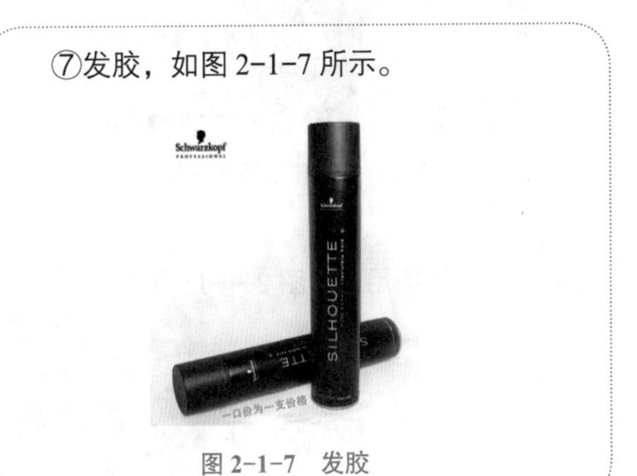


图 2-1-7　发胶

⑧假发包，如图 2-1-8 所示。

图 2-1-8　假发包

## 概念梳理

### 包髻

包髻是指将头发内侧倒梳，再把头发表面梳顺、进行包卷形成的发包。

## 【方法指引】

**1．种类**

包髻卷的扎梳方法包括单边包髻和双边包髻两种。

**2．工具的使用方法**

①包发梳的使用，如图 2-1-9 所示。

图 2-1-9 包发梳的使用

②发夹的使用，如图 2-1-10 所示。

图 2-1-10 发夹的使用

③发胶的使用，如图 2-1-11 所示。

图 2-1-11 发胶的使用

**3．包髻卷的编梳方法**

（1）单边包髻

①分区，如图 2-1-12 所示。

图 2-1-12 分区

②侧分区，如图 2-1-13 所示。

图 2-1-13 侧分区

③将后区头发向右侧梳理，如图 2-1-14 所示。

图 2-1-14　将后区头发向右侧梳理

④用黑卡在头部后中线位置固定头发，如图 2-1-15 所示。

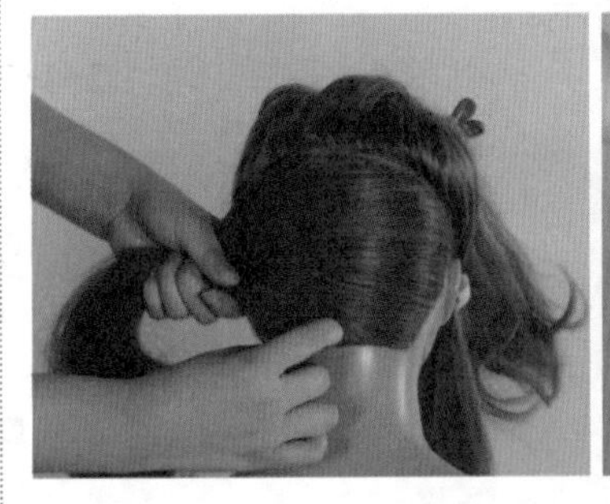

（a）

（b）

图 2-1-15　固定头发

⑤沿黑卡位置从发根部逆梳，如图 2-1-16 所示。

图 2-1-16　逆梳

⑥向内扭包发片，如图2-1-17所示。

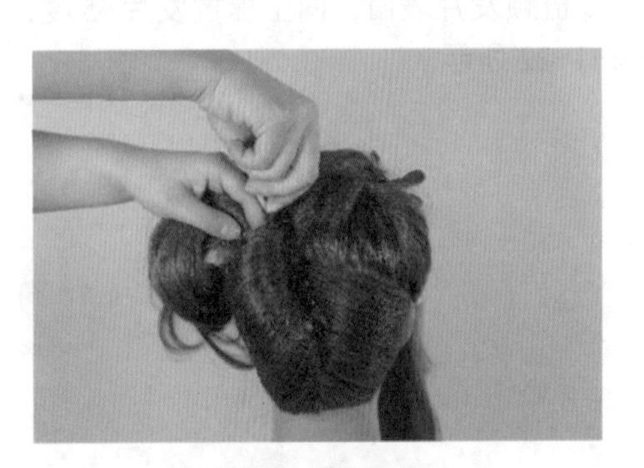

图 2-1-17　向内扭包发片

⑦梳顺发片表面发丝，如图2-1-18所示。

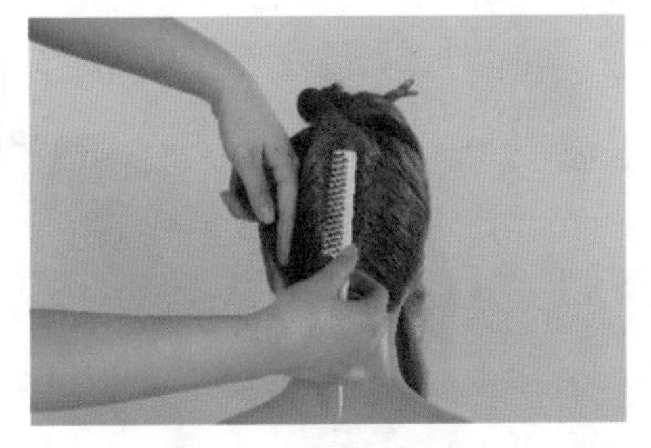

图 2-1-18　梳顺表面发丝

⑧用黑卡把扭好的发包固定，喷发胶整理，如图 2-1-19 所示。

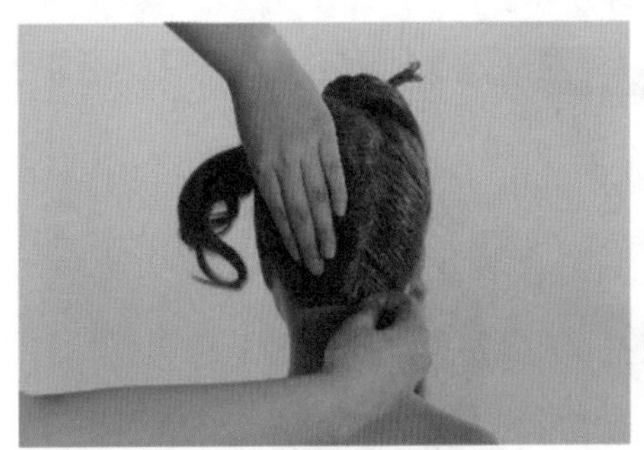

图 2-1-19　喷发胶整理

（2）双边包髻

①分区，如图 2-1-20 所示。

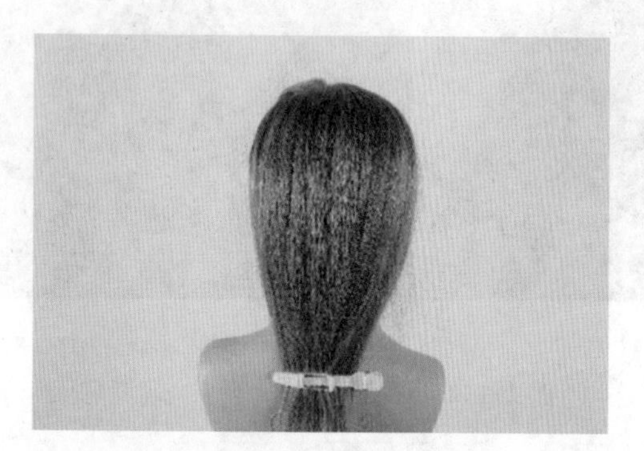

图 2-1-20 分区

②将后发区左侧头发纵向分片逆梳，如图 2-1-21 所示。

图 2-1-21 分片逆梳

③梳顺发片表面，向上提拉发片45度，如图 2-1-22 所示。

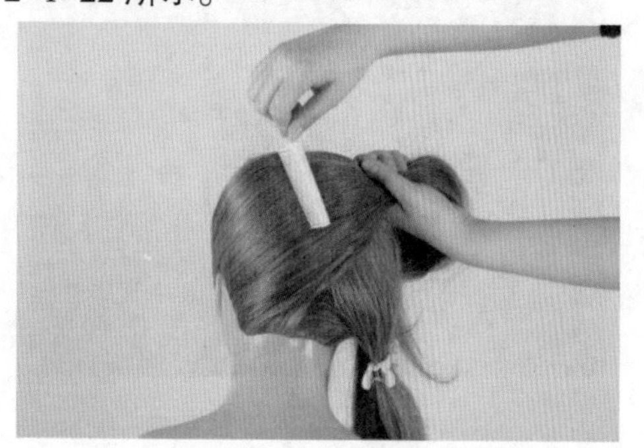

图 2-1-22 梳顺发片并提拉 45 度

④向内扭转发片，形成发包，如图2-1-23 所示。

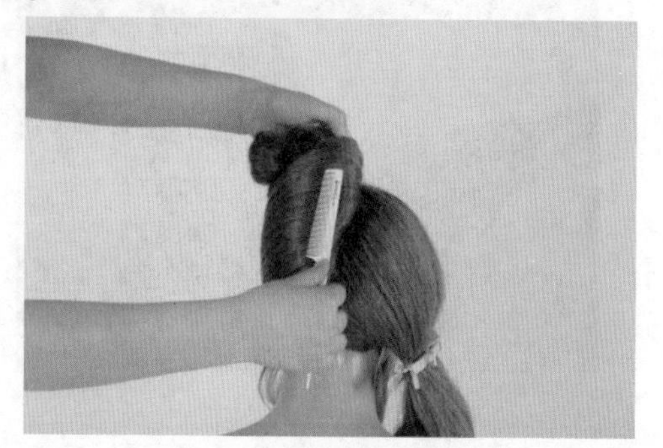

图 2-1-23 扭转发片，形成发包

⑤用黑卡固定发包，喷发胶整理，如图 2-1-24 所示。

图 2-1-24 固定发包

⑥再将另一侧头发做成发包，如图2-1-25 所示。

图 2-1-25 做另一侧发包

⑦梳顺发片表面，如图2-1-26所示。

图 2-1-26　梳顺发片表面

⑧向内包卷形成发包，如图 2-1-27 所示。

图 2-1-27　形成发包

⑨用黑卡固定，如图 2-1-28 所示。

图 2-1-28　用黑卡固定

⑩固定整理，如图 2-1-29 所示。

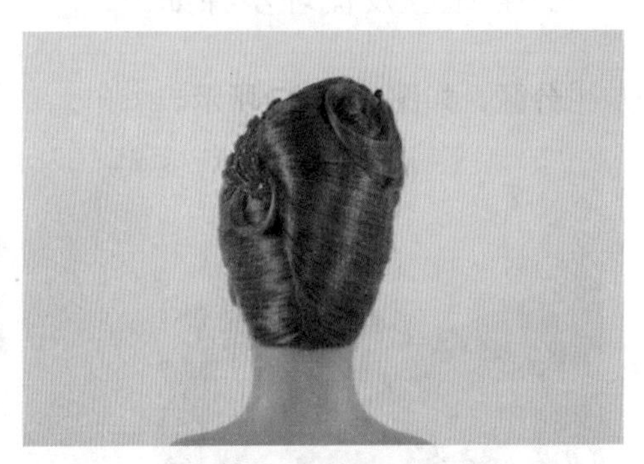

图 2-1-29　固定整理

### 4. 发环梳理方法

①取一束头发，从发根开始绕在尖尾梳柄上，如图 2-1-30 所示。

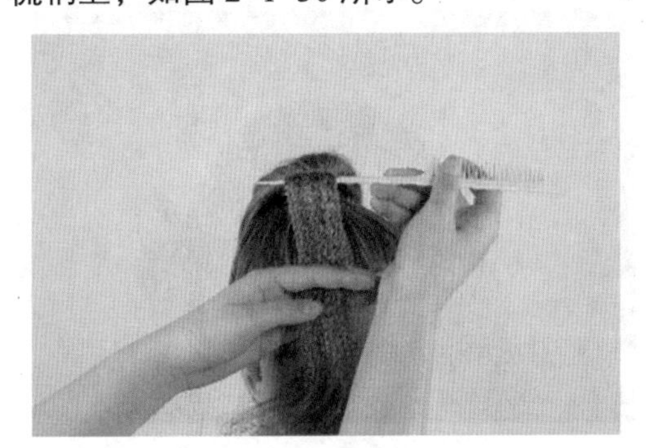

图 2-1-30　将头发绕在尖尾梳柄上

②与手指配合，将发束绕成环状，如图 2-1-31 所示。

图 2-1-31　将发束绕成环状

## 【质量标准】

1. 梳理方法正确。
2. 发片逆梳均匀。
3. 发包饱满，发丝有光泽。
4. 固定牢固，不露发卡。

## 【任务实践】

中式新娘盘发梳理步骤如下：

①分区，如图 2-1-32 所示。

图 2-1-32　分区

②正面分区，如图 2-1-33 所示。

图 2-1-33　正面分区

③侧面分区，如图 2-1-34 所示。

图 2-1-34　侧面分区

④后面分区，如图 2-1-35 所示。

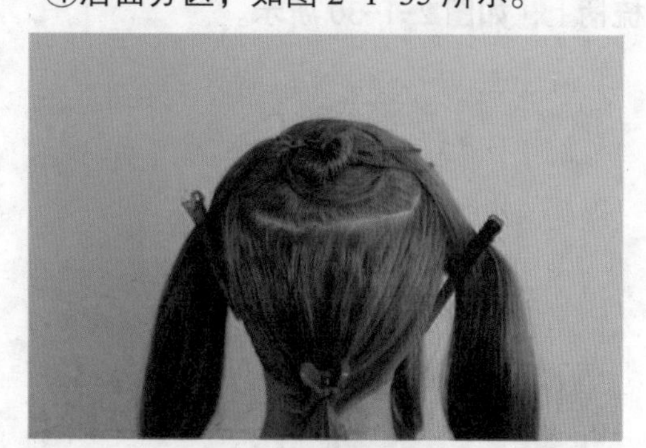

图 2-1-35　后面分区

⑤将头顶发区头发扎梳成马尾，如图 2-1-36 所示。

图 2-1-36　将头顶发区头发扎梳成马尾

⑥将准备好的假发包固定在头顶发区，如图 2-1-37 所示。

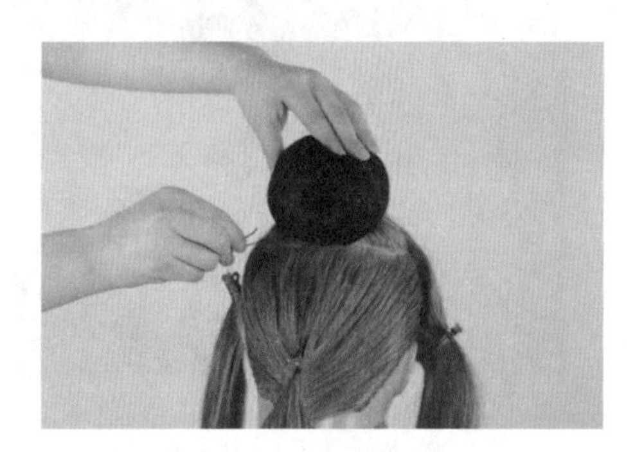

图 2-1-37　固定假发包

⑦将后发区右侧头发纵向分片逆梳，如图 2-1-38 所示。

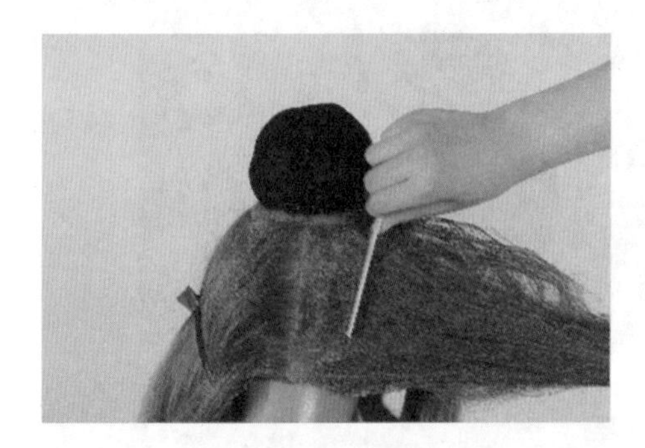

图 2-1-38　逆梳

⑧梳顺发片表面，向内扭转发片，形成发包，如图 2-1-39 所示。

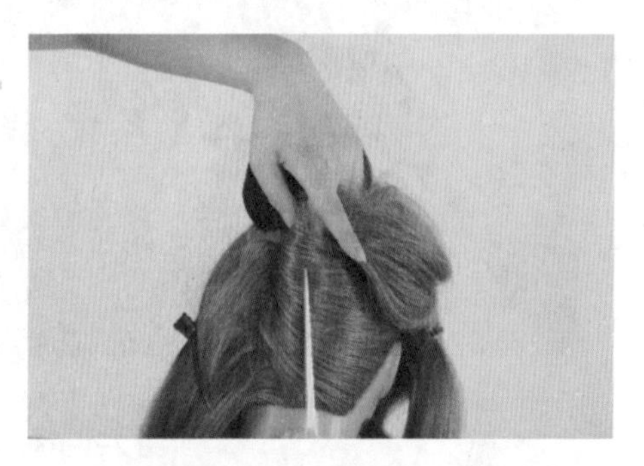

图 2-1-39　向内扭转发片，形成发包

⑨用黑卡固定发包，如图 2-1-40 所示。

图 2-1-40　用黑卡固定发包

⑩把另一侧头发内侧根部打毛，如图 2-1-41 所示。

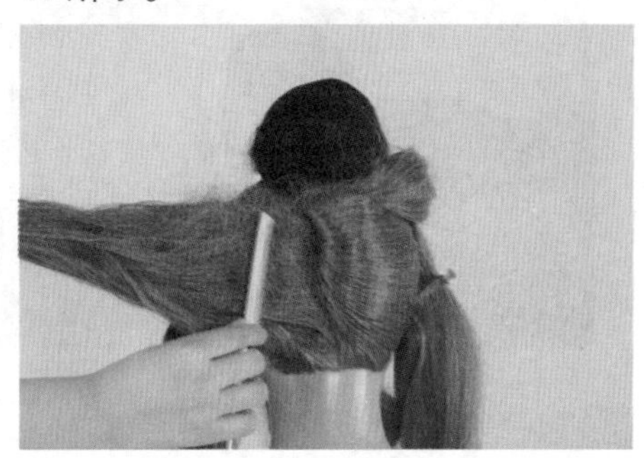

图 2-1-41　把另一侧头发内侧根部打毛

⑪ 再将发片表面梳顺，向内包卷形成发包，如图 2-1-42 所示。

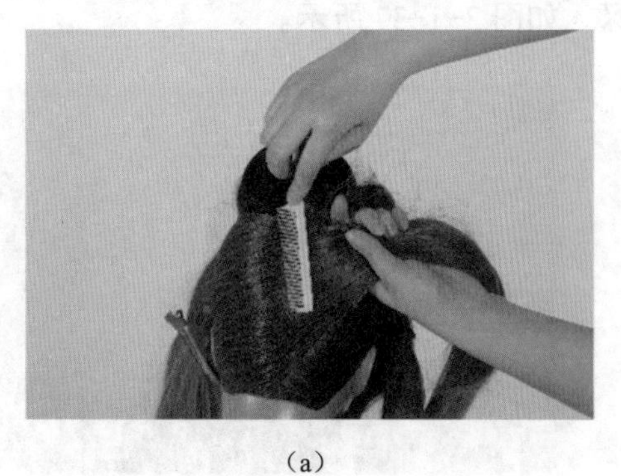
(a)

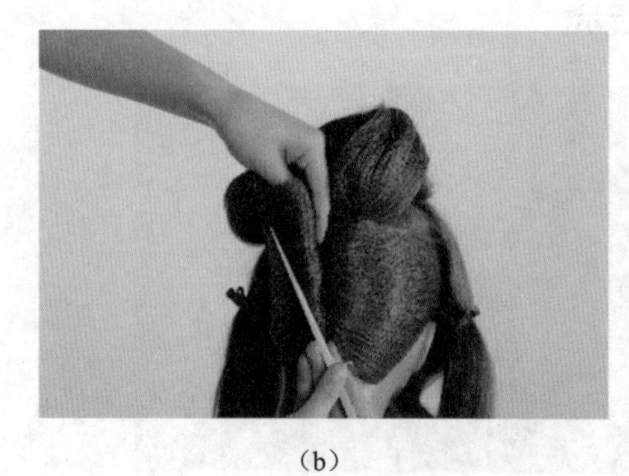
(b)

图 2-1-42 形成发包

⑫ 将包发后甩出的发梢梳成发片，包在假发包里面，如图 2-1-43 所示。

(a)

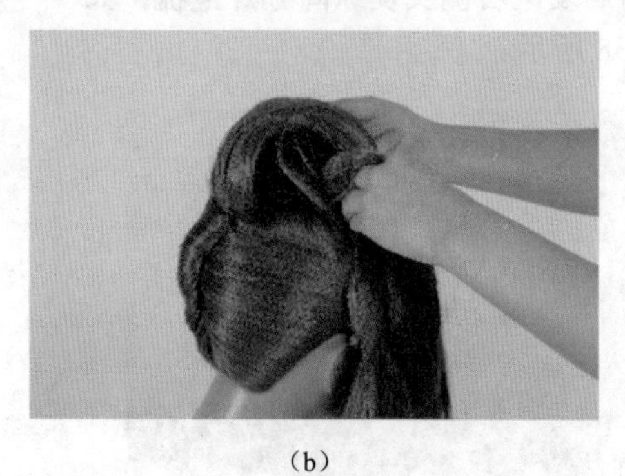
(b)

图 2-1-43 将发梢包在假发包里

⑬ 将顶发区马尾头发梳成发片，做发环，如图 2-1-44 所示。

(a)

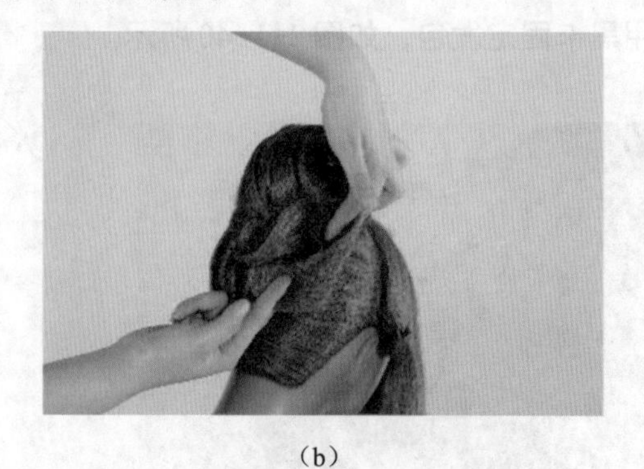
(b)

图 2-1-44 做发环

⑭ 将头部右侧的头发提起，梳理成发片，将内侧根部打毛，如图 2-1-45 所示。

图 2-1-45　将根部打毛

⑮ 梳顺发片表面发丝，如图 2-1-46 所示。

图 2-1-46　梳顺发丝

⑯ 向后侧卷好发片，用黑卡固定，如图 2-1-47 所示。

图 2-1-47　用黑卡固定

⑰ 将甩出的发梢梳顺，成平波纹状，如图 2-1-48 所示。

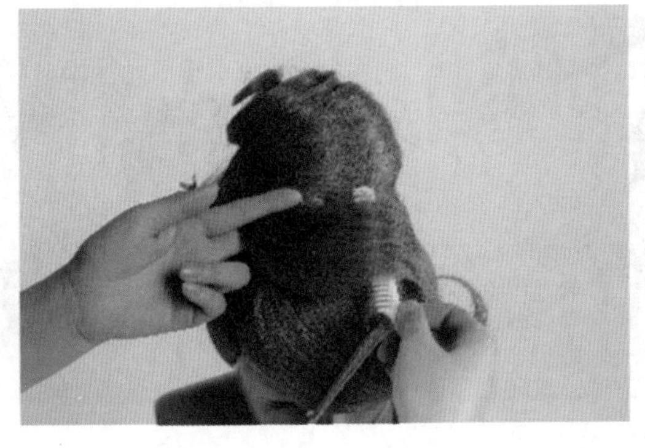

(a)

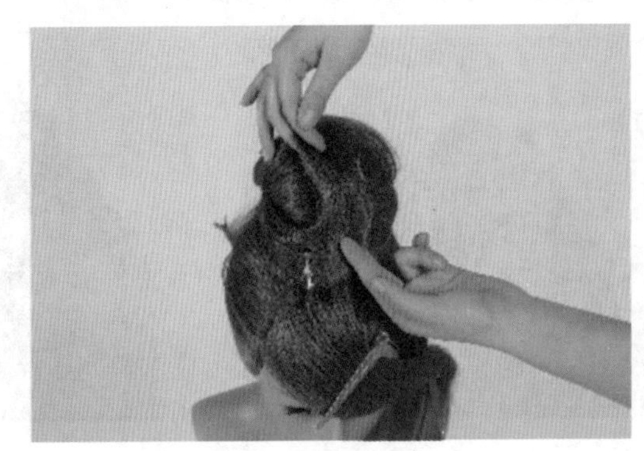

(b)

图 2-1-48　梳顺发梢

⑱ 将头部左侧的头发提起，梳理成发片，将内侧根部打毛，如图 2-1-49 所示。

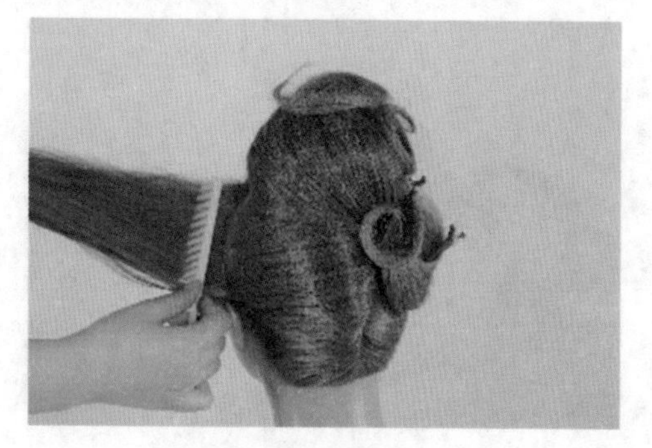

图 2-1-49 将根部打毛

⑲ 梳顺发片表面，喷发胶固定，如图 2-1-50 所示。

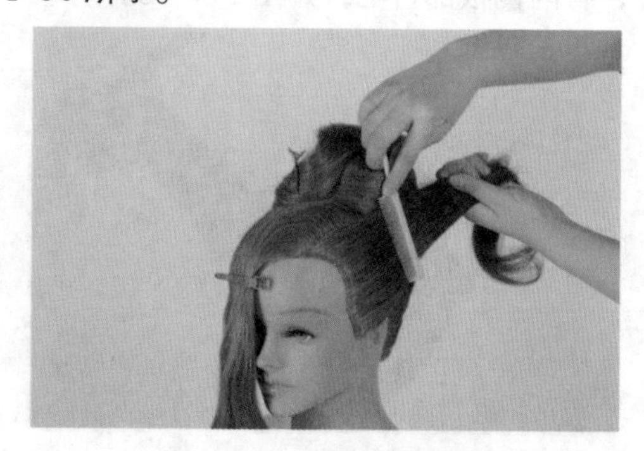

图 2-1-50 喷发胶固定

⑳ 向后包，并用黑卡固定，如图 2-1-51 所示。

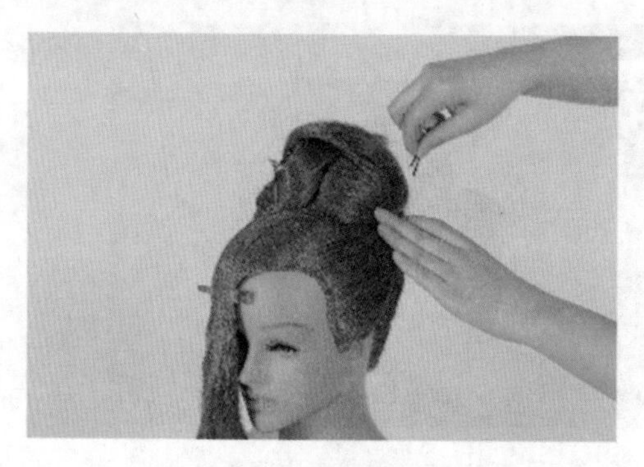

图 2-1-51 用黑卡固定

㉑ 将甩出的发梢做发环，如图 2-1-52 所示。

（a）

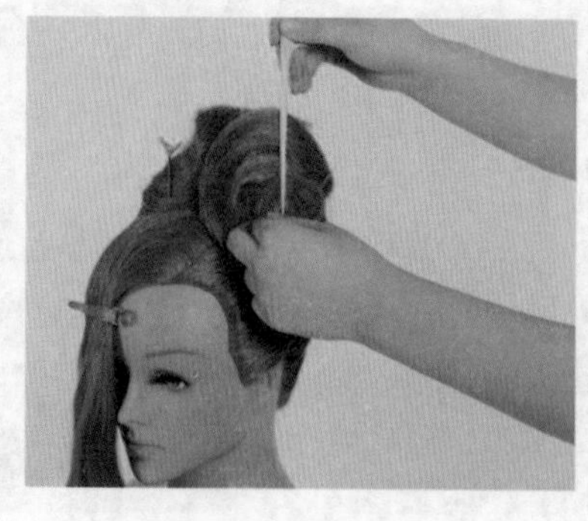

（b）

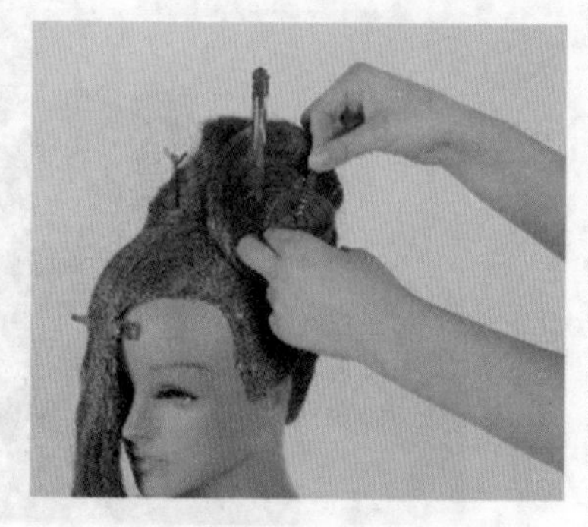

（c）

图 2-1-52 做发环

㉒ 将额前发区头发梳成发片，紧贴前额右侧梳理，如图 2-1-53 所示。

图 2-1-53　梳成发片

㉓ 在右耳处将发片向上翻卷，将甩出的发梢做发环，如图 2-1-54 所示。

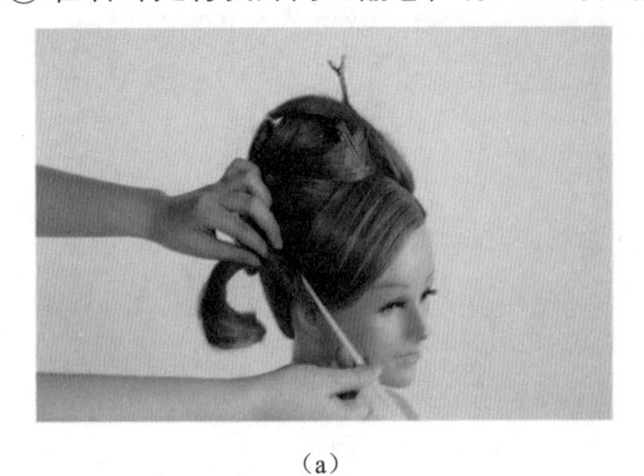

（a）

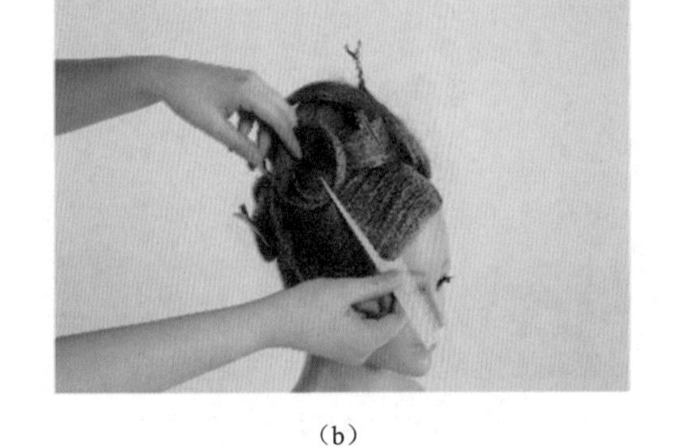

（b）

图 2-1-54　做发环

㉔ 将所有甩出的发梢理顺，喷发胶定型，如图 2-1-55 所示。

图 2-1-55　喷发胶定型

㉕ 正面效果，如图 2-1-56 所示。

图 2-1-56　正面效果

㉖ 侧面效果，如图 2-1-57 所示。

（a）

（b）

图 2-1-57 侧面效果

㉗ 后面效果，如图 2-1-58 所示。

（a）

（b）

图 2-1-58 后面效果

## 【课堂评价】

可以采用自评或互评等方式进行评价，课堂评价如表 2-1-1 所示。

表 2-1-1 课堂评价

| 评价内容 | 评价方式 | | | 提升建议 |
|---|---|---|---|---|
| | 自评 /20% | 互评 /30% | 师评 /50% | |
| 梳理方法正确 | | | | |
| 发片逆梳均匀 | | | | |
| 发包饱满，发丝有光泽 | | | | |
| 固定牢固，不露发卡 | | | | |
| 反思评价 | | | | |

## 【课后拓展】

1. 课下在公仔头上完成一个单边包髻练习、一个双边包髻练习。
2. 证明自己能行，用真人模特完成这款新娘盘发造型。

# 任务二 韩式新娘盘发造型

【任务情境】

韩式盘发造型素有精致、浪漫的特点，所以，韩式发型特别是韩式新娘盘发造型成为大多数新娘的第一选择。为了衬托自己高贵典雅、端庄大方的气质，准新娘咪咪今天来到美发店，要求理发师为她盘一款韩式新娘发型。下面就让我们和美发师一起学习一下吧！

【学习目标】

1．掌握韩式新娘盘发造型的特点及基本梳理流程。

2．正确选择梳理工具，熟练掌握尖尾梳、皮筋、黑卡、包发梳的使用方法。

3．初步掌握平卷、竖卷、变形卷、韩式新娘盘发的梳理方法，并了解质量标准。

4．能使用礼貌用语接待顾客，具有一定的安全意识、卫生意识。

## 【前期准备】

发型与脸型的协调设计法

### 一、遮盖法

遮盖法主要是通过使用梳、绾、盘、编、叠、扭、扎、卷筒、波纹等盘发的基本手法塑造发型，来弥补脸型上的不足，再配以饰品点缀。如长脸型额头偏大，用刘海来遮盖额头，马上会显得圆润。反之，用倒梳的方法将刘海加高，会让圆脸变成近似椭圆形的标准脸。总之，我们可以通过发型将视觉形象不完美的部分适当修饰后变得协调自然，从而掩盖不足。

### 二、衬托法

衬托法主要是通过盘发造型的不同表现形式及设计理念，如黄金比例、变化与统一、均衡、呼应、节奏、强调等来增加视觉的错差（简称视错）。如脖颈过长，两侧夹卷后自然散落，长度固定于肩胛骨左右来衬托。这样的比例与宽度会恰到好处地分散人们对脖颈的注意力。

### 三、填充法

填充法一般是借助倒梳头发或填充假发、利用饰品点缀等装饰来弥补头型与脸型的缺陷，体现三维立体的饱满性，以达到预期效果。如发丝过软，发量过于稀少，那么，填充假发包既简便又不损伤头发，还可以达到理想的高度。

韩式新娘盘发造型的特点：注重细节，自然、简洁、清新。

## 工具准备

①尖尾梳，如图 2-2-1 所示。

图 2-2-1 尖尾梳

②公仔头，如图 2-2-2 所示。

图 2-2-2 公仔头

③皮筋，如图 2-2-3 所示。

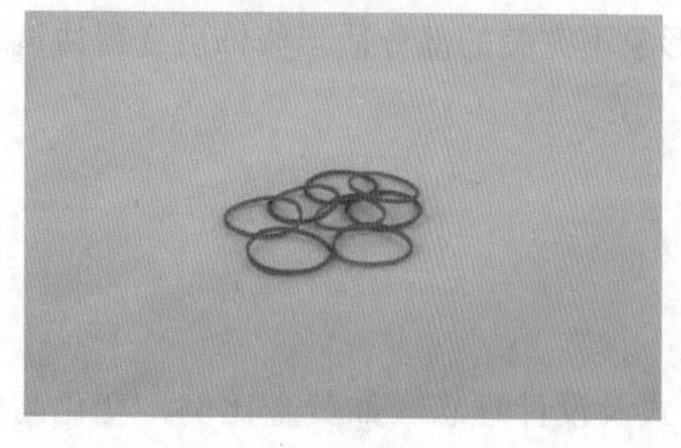

(a)

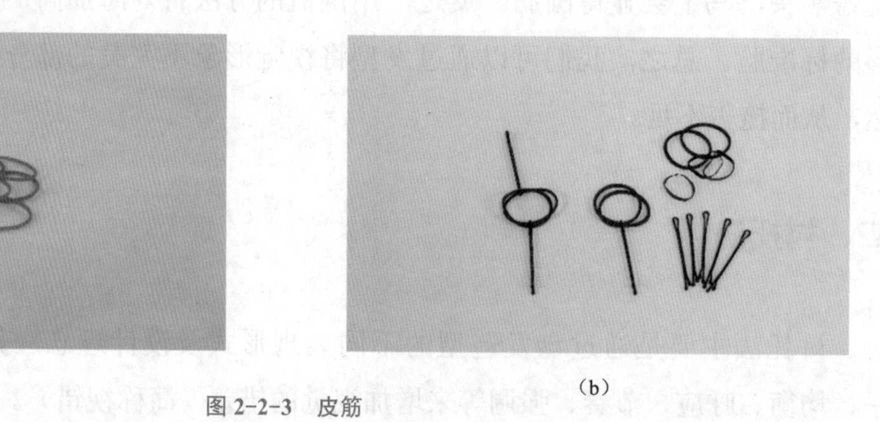

(b)

图 2-2-3 皮筋

④发夹，如图 2-2-4 所示。

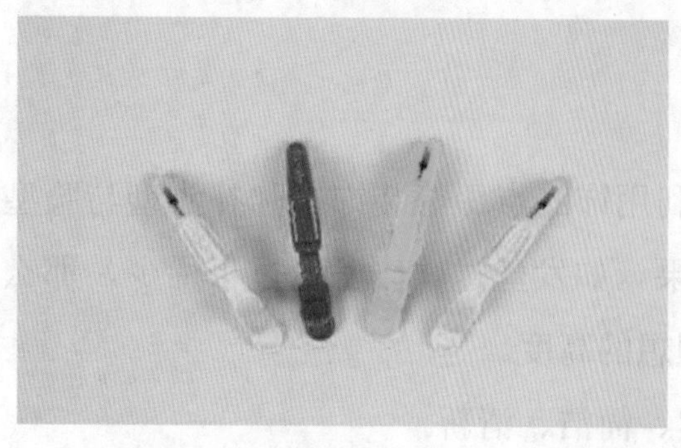

(a)

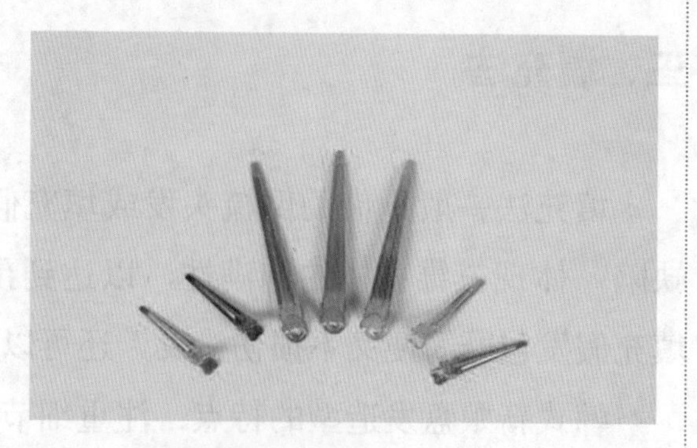

(b)

图 2-2-4 发夹

⑤黑卡，如图 2-2-5 所示。

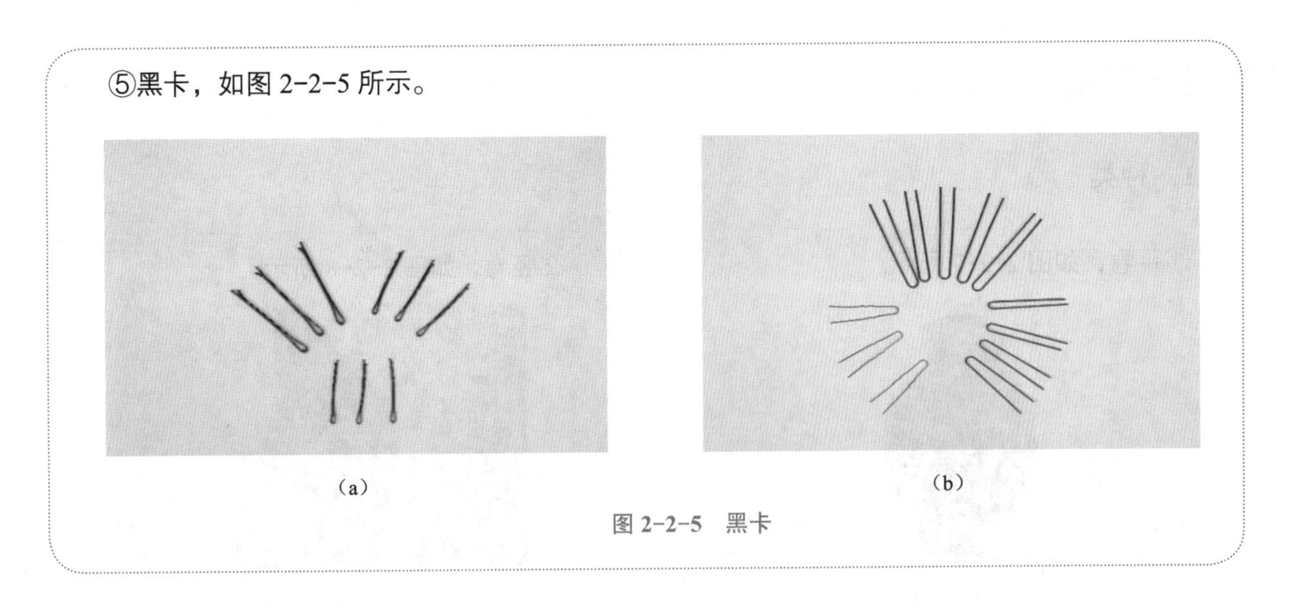

（a）　　（b）

图 2-2-5　黑卡

⑥发胶，如图 2-2-6 所示。

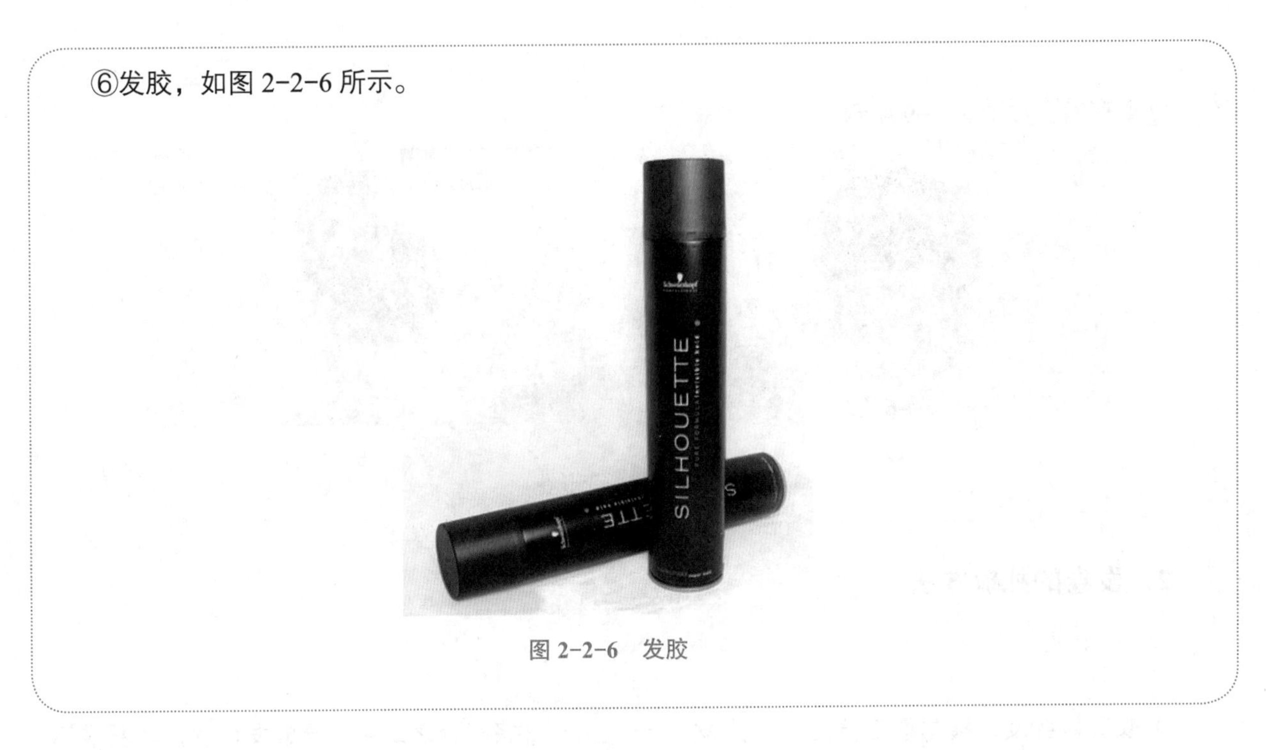


图 2-2-6　发胶

## ✂概念梳理

**发卷**

发卷是指绕成圈状的头发。所有发卷都是从发梢开始向内卷。发卷直径越大，卷出来的卷度也就越大。

## 【方法指引】

### 1. 种类

①平卷，如图 2-2-7 所示。

图 2-2-7　平卷

②竖卷，如图 2-2-8 所示。

图 2-2-8　竖卷

③变形卷，如图 2-2-9 所示。

（a）

（b）

图 2-2-9　变形卷

### 2. 发卷的扎梳方法

#### （1）平卷

①取适量头发，横向取三分之一，用发夹固定，如图 2-2-10 所示。

图 2-2-10　用发夹固定

②将三分之二头发分成发片状，从发根部位开始逆梳，打毛发片，如图 2-2-11 所示。

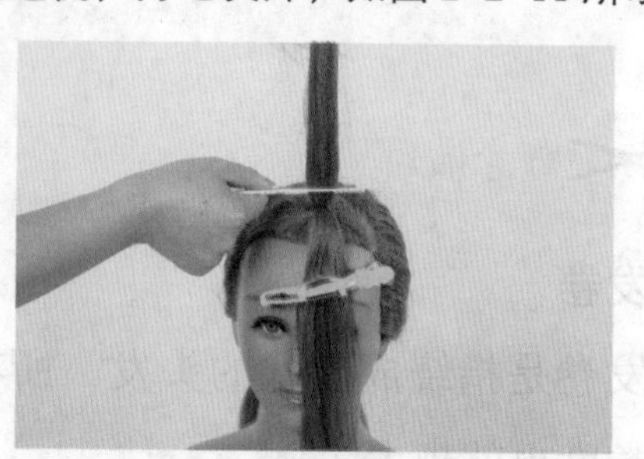

图 2-2-11　根部打毛

③将三分之一头发内侧均匀逆梳打毛，如图 2-2-12 所示。

图 2-2-12 内侧打毛

④将两片打毛的发片合在一起，梳顺表面发丝，喷发胶定型，如图 2-2-13 所示。

（a）

（b）

图 2-2-13 喷发胶固定

⑤向内卷发片，使之成为卷，将发梢藏于发卷内侧，如图 2-2-14 所示。

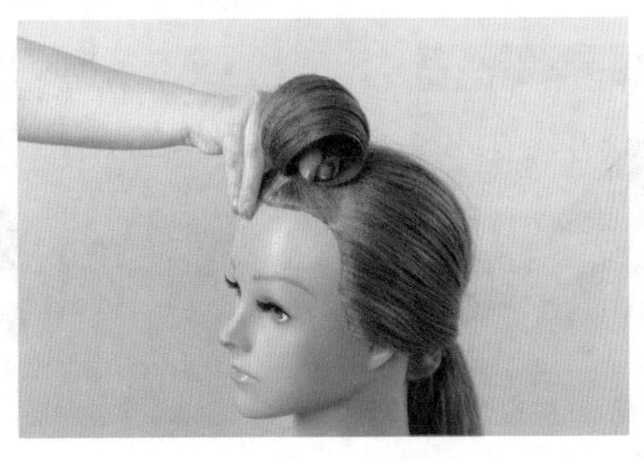

图 2-2-14 向内卷发片

⑥发卷两端用发卡固定，如图 2-2-15 所示。

图 2-2-15 用发卡固定发卷两端

⑦修饰整理，如图 2-2-16 所示。

图 2-2-16 修饰整理

（2）竖卷

①取适量头发，梳成发片状，如图 2-2-17 所示。

图 2-2-17 梳成发片

②将发片内侧从根部打毛，如图 2-2-18 所示。

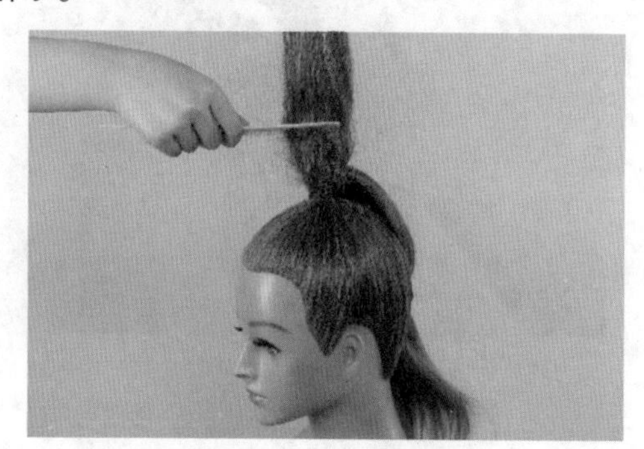

图 2-2-18 根部打毛

③梳顺发片表面头发，如图 2-2-19 所示。

图 2-2-19 梳顺发片

④在发片表面喷发胶定型，如图 2-2-20 所示。

图 2-2-20 喷发胶定型

⑤将发片从横向扭转成纵向，向内侧卷发片，使发片成空心桶状，如图 2-2-21 所示。

图 2-2-21　向内卷发片

⑥将发梢藏于发卷内，用发卡固定发卷底部，如图 2-2-22 所示。

图 2-2-22　藏发梢，固定发卷

⑦修饰整理，如图 2-2-23 所示。

图 2-2-23　修饰整理

（3）变形卷 A

①取适量头发，如图 2-2-24 所示。

图 2-2-24　取适量头发

②将三分之二头发分成发片状，从发根部位开始逆梳打毛发片，如图 2-2-25 所示。

图 2-2-25　根部打毛

③将打毛的发片合在一起，梳顺表面发丝，将发片两端打毛的头发梳顺，如图 2-2-26 所示。

图 2-2-26 梳顺发片

④给梳顺的发片表面喷发胶固定，如图 2-2-27 所示。

图 2-2-27 喷发胶固定

⑤向内卷发片，使之成为卷，将发梢藏于发卷内侧，如图 2-2-28 所示。

图 2-2-28 藏发梢

⑥用黑卡将发卷固定，如图 2-2-29 所示。

图 2-2-29 固定发卷

⑦向下拉开发卷，梳顺发卷两端表面发丝，喷发胶定型，如图 2-2-30 所示。

图 2-2-30 喷发胶定型

⑧固定发卷两端，如图 2-2-31 所示。

图 2-2-31 固定发卷两端

⑨修饰整理，如图 2-2-32 所示。

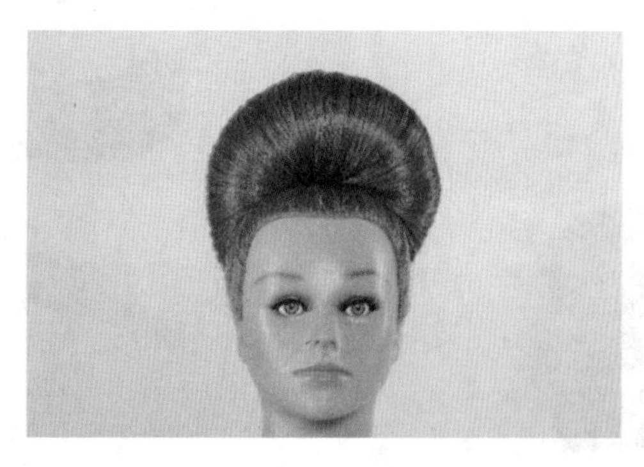

图 2-2-32　修饰整理

（4）变形卷 B

①将发片倒梳打毛，如图 2-2-33 所示。

图 2-2-33　倒梳打毛

②将打毛的发片用手拽宽，如图 2-2-34 所示。

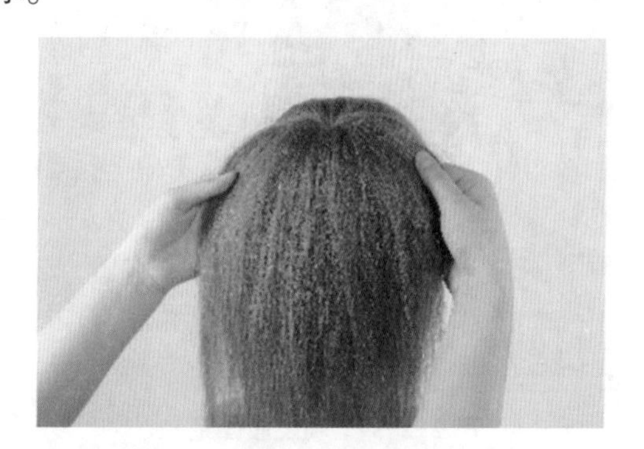

图 2-2-34　拽宽发片

③再打毛第二片发片，如图 2-2-35 所示。

图 2-2-35　打毛第二片发片

④梳顺发片表面发丝，如图 2-2-36 所示。

图 2-2-36　梳顺发片

⑤喷发胶定型，如图 2-2-37 所示。

图 2-2-37 喷发胶固定

⑥用双手食指和中指夹发片，整理发片两端，如图 2-2-38 所示。

图 2-2-38 整理发片两端

⑦发片内侧喷发胶定型，如图 2-2-39 所示。

图 2-2-39 喷发胶固定

⑧双手托住发片向内包卷，形成发卷，如图 2-2-40 所示。

图 2-2-40 包发卷

⑨整理变形发卷并固定，如图 2-2-41 所示。

图 2-2-41 整理并固定发卷

⑩完成效果，如图 2-2-42 所示。

图 2-2-42 完成效果

## 【质量标准】

1. 盘发方法正确。
2. 发片薄厚均匀。
3. 固定牢固，不露发卡。
4. 发卷饱满，有光泽。

## 【任务实践】

韩式新娘盘发造型梳理步骤如下：

①分区，如图 2-2-43 所示。

图 2-2-43　分区

②将头顶发区头发扎梳成马尾，如图 2-2-44 所示。

图 2-2-44　扎梳马尾

③将准备好的假发包固定在马尾根部，如图 2-2-45 所示。

图 2-2-45　固定假发包

④将马尾头发铺在发包表面梳顺，用黑卡固定，如图 2-2-46 所示。

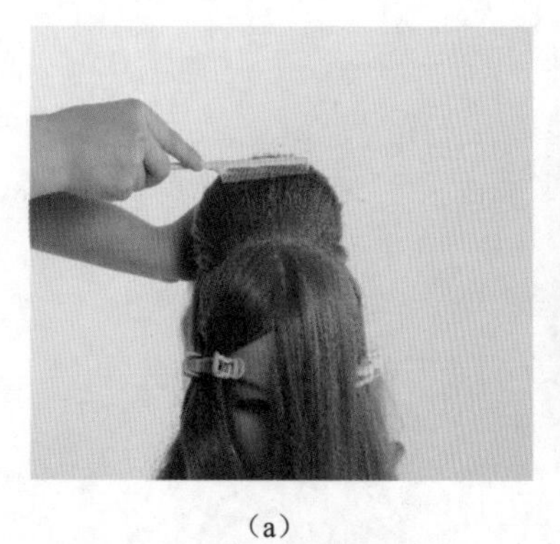

（a）

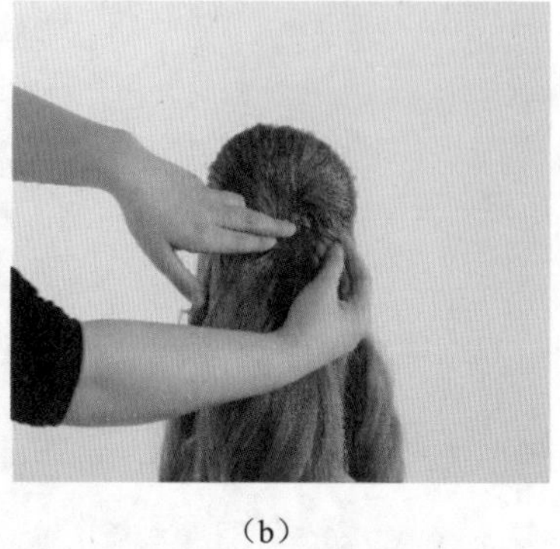

（b）

（c）

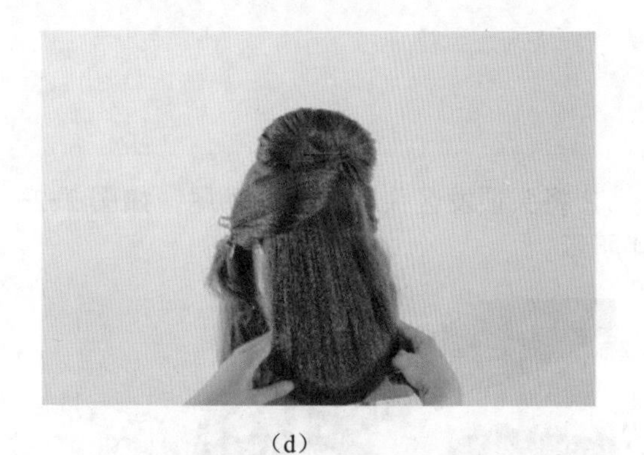

（d）

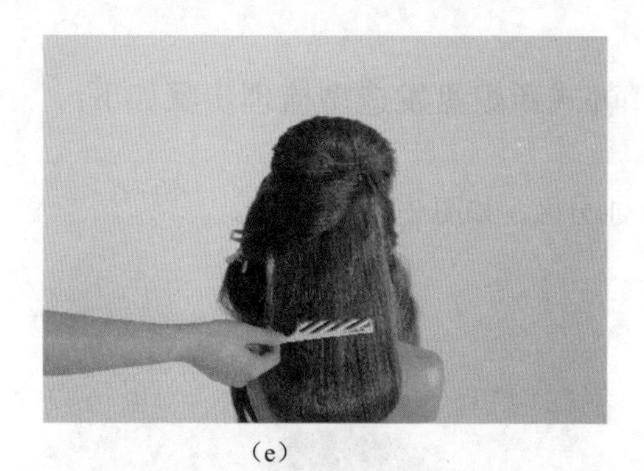

（e）

图 2-2-46　梳顺并固定马尾头发

⑤将甩出的发梢在头后做两个平卷，组合成蝴蝶形，如图 2-2-47 所示。

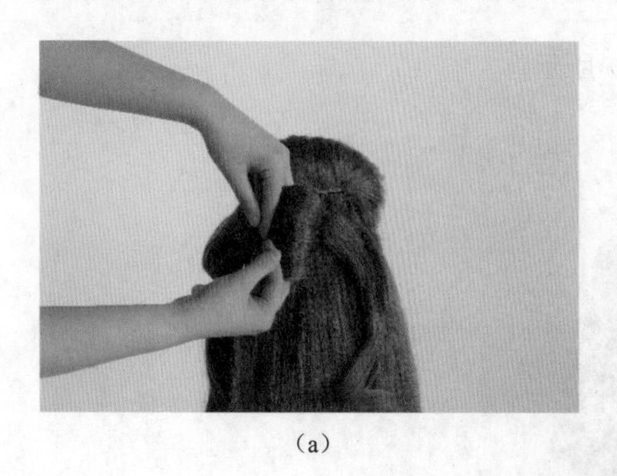

（a）

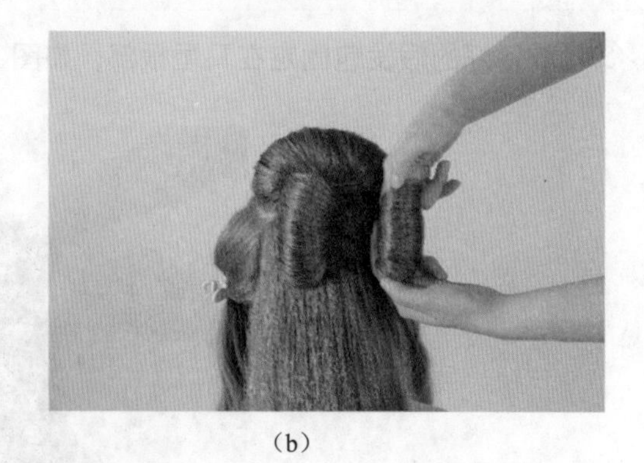

（b）

图 2-2-47　将发梢做成平卷，组合成蝴蝶形

⑥将头右后发区头发梳起，如图 2-2-48 所示。

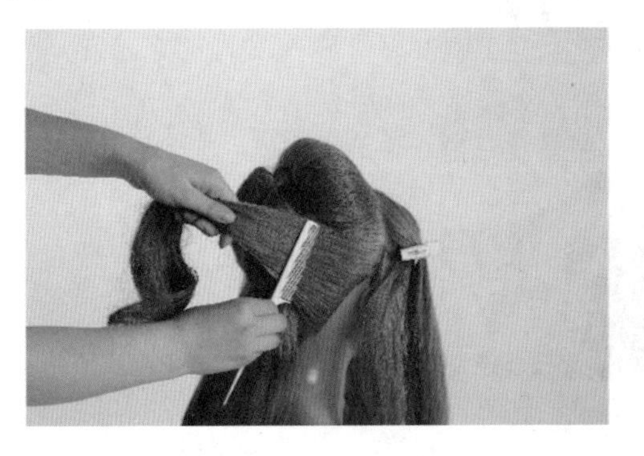

图 2-2-48　梳起头右后发区头发

⑦将头右后侧发束梳成发片，做卷固定，与变形卷相接，如图 2-2-49 所示。

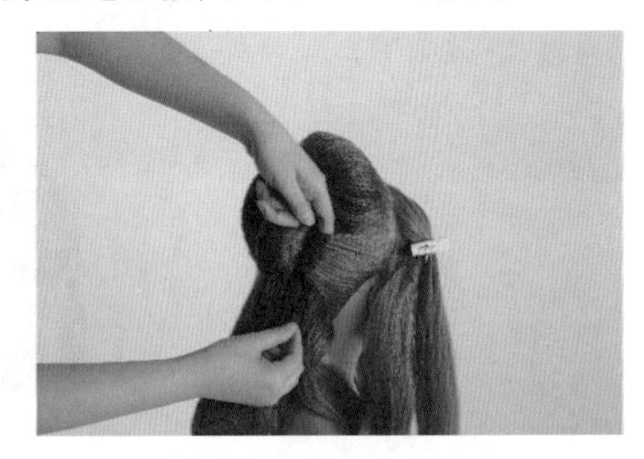

图 2-2-49　将右后侧发束做卷

⑧将头左后侧发束梳成发片，内侧打毛，如图 2-2-50 所示。

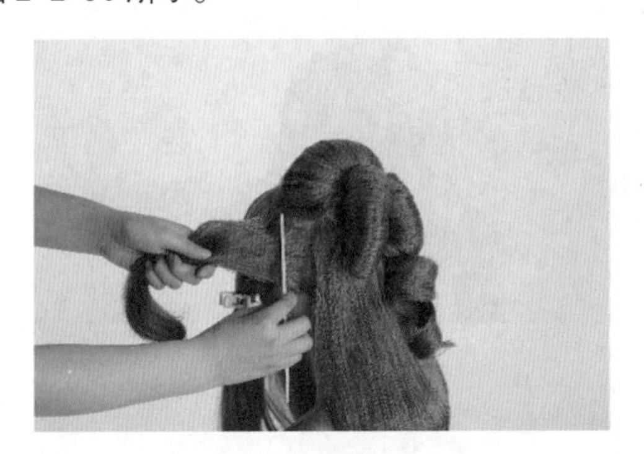

图 2-2-50　发片内侧打毛

⑨将左侧发区的发片表面发丝梳顺，如图 2-2-51 所示。

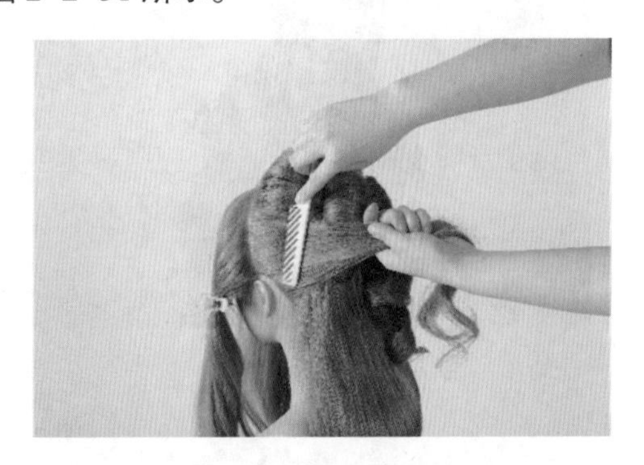

图 2-2-51　梳顺发片

⑩向内侧做卷固定，与变形卷相接，如图 2-2-52 所示。

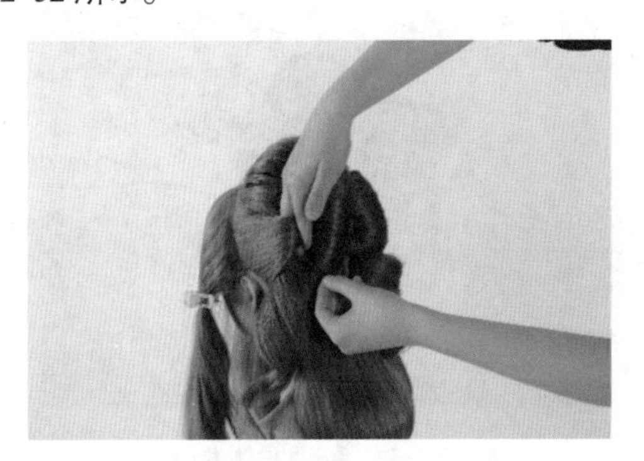

图 2-2-52　做卷固定

⑪ 使发片呈片状螺旋，向后摆放在左侧发卷处固定，如图 2-2-53 所示。

图 2-2-53　固定发片

⑫ 将左侧发区的发束内侧根部打毛，梳顺表面发丝，如图 2-2-54 所示。

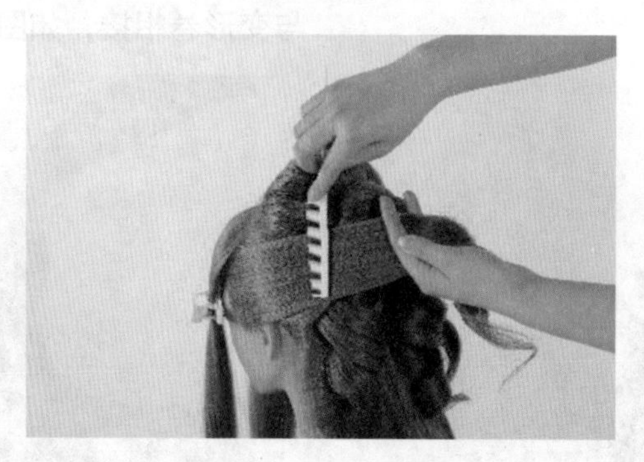

图 2-2-54 梳顺发丝

⑬ 使发片成片状螺旋，向后摆放在左侧发卷处固定，如图 2-2-55 所示。

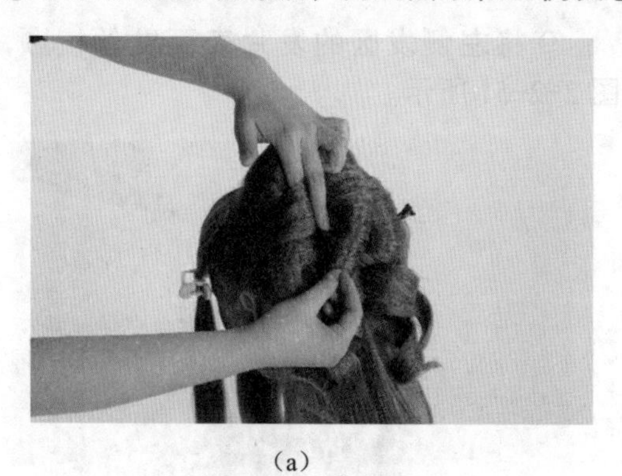

（a）

（b）

图 2-2-55 固定发片

⑭ 将前额左侧发片梳顺，在颧骨位置向外卷发片，成卷状，如图 2-2-56 所示。

图 2-2-56 卷发片

⑮ 整理左侧发梢，使卷起的发片的发梢与头后发卷融为一体，如图 2-2-57 所示。

图 2-2-57 整理左侧发梢

⑯ 将前额右侧发片梳顺，在颧骨位置向外卷发片，成卷状，如图 2-2-58 所示。

图 2-2-58　卷发片

⑰ 整理右侧发梢，使卷起的发片的发梢与头后发卷融为一体，如图 2-2-59 所示。

图 2-2-59　整理右侧发梢

⑱ 整理发型，喷发胶固定，如图 2-2-60 所示。

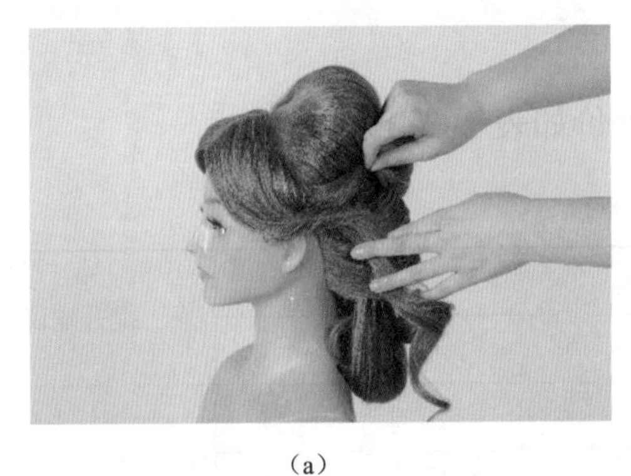

（a）

（b）

图 2-2-60　整理发型，喷发胶固定

⑲ 正面造型，如图 2-2-61 所示。

图 2-2-61　正面造型

⑳ 侧面造型，如图 2-2-62 所示。

图 2-2-62　侧面造型

㉑ 后面造型，如图 2-2-63 所示。

图 2-2-63 后面造型

## 【课堂评价】

可以采用自评或互评等方式进行评价，课堂评价如表 2-2-1 所示。

表 2-2-1 课堂评价

| 评价内容 | 评价方式 | | | 提升建议 |
| --- | --- | --- | --- | --- |
| | 自评 /20% | 互评 /30% | 师评 /50% | |
| 梳理方法正确 | | | | |
| 发卷饱满，有光泽 | | | | |
| 固定牢固，不露发卡 | | | | |
| 造型美观 | | | | |
| 反思评价 | | | | |

## 【课后拓展】

1. 课下在公仔头上完成两个平卷梳理练习、两个竖卷梳理练习、两个变形卷梳理练习。

2. 试着在公仔头上完成这款韩式新娘盘发造型，挑战一下自己。

3. 总结出几种梳理发卷的小窍门。

#  欧式新娘盘发造型

【任务情境】

欧式新娘盘发造型是一种简单大气的盘发造型，有着精致的造型、美丽的饰品。欧式新娘盘发造型简单而不失优雅，浓浓的欧式风格凸显新娘的高贵与端庄。随着时代的快速发展，欧式新娘盘发造型越来越受准新娘们的青睐。小刘今天结婚，她选择的是欧式婚礼。下面我们就为她设计一款欧式新娘盘发造型吧，如图 2-3-1 所示。

图 2-3-1　欧式新娘盘发造型

【学习目标】

1. 掌握欧式新娘盘发的特点以及基本的梳理流程。

2. 正确选择梳理工具，重点掌握尖尾梳、皮筋、黑卡、包发梳、发胶的使用方法。

3. 熟练掌握单边包髻、双边包髻和玫瑰卷的梳理方法。

4. 能使用礼貌用语接待顾客，具有一定的安全意识、卫生意识。

## 【前期准备】

### 知识链接

远古时代盘发是为了方便劳作，封建时期的盘发是女子成年的标志，而现代盘发已经成为女子用来演绎不同风情的一种时尚。同时，不同盘发造型适合不同的场合，欧式新娘盘发是一款美貌与气质并存，知性与端庄兼具的发型。

### 工具准备

①尖尾梳，如图 2-3-2 所示。

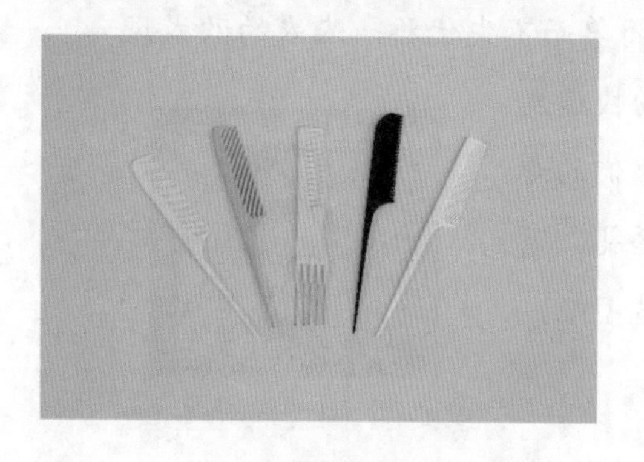

图 2-3-2 尖尾梳

②公仔头，如图 2-3-3 所示。

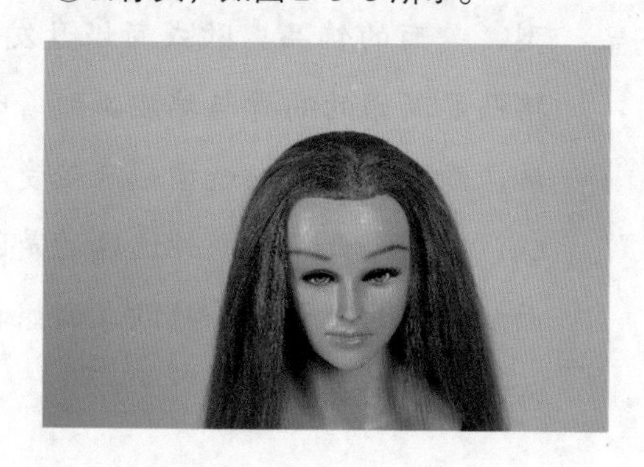

图 2-3-3 公仔头

③皮筋，如图 2-3-4 所示。

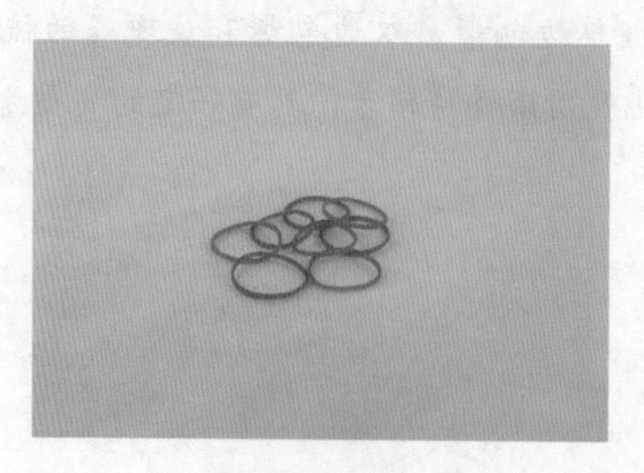

图 2-3-4 皮筋

④发夹，如图 2-3-5 所示。

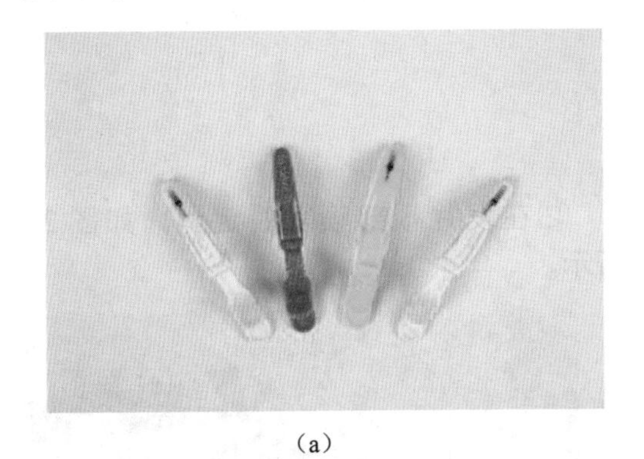

（a）

（b）

图 2-3-5　发夹

⑤黑卡，如图 2-3-6 所示。

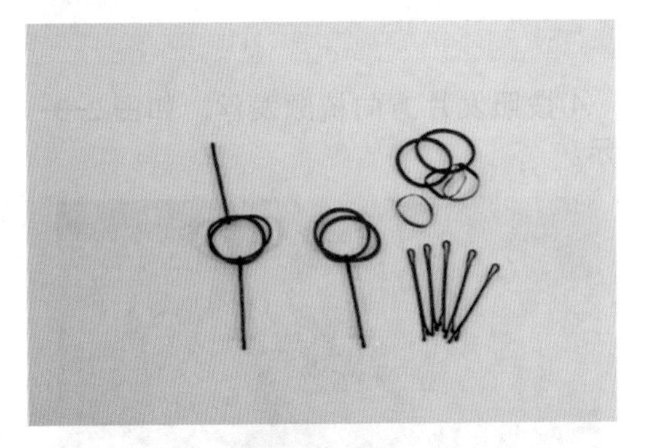

图 2-3-6　黑卡

⑥发胶，如图 2-3-7 所示。

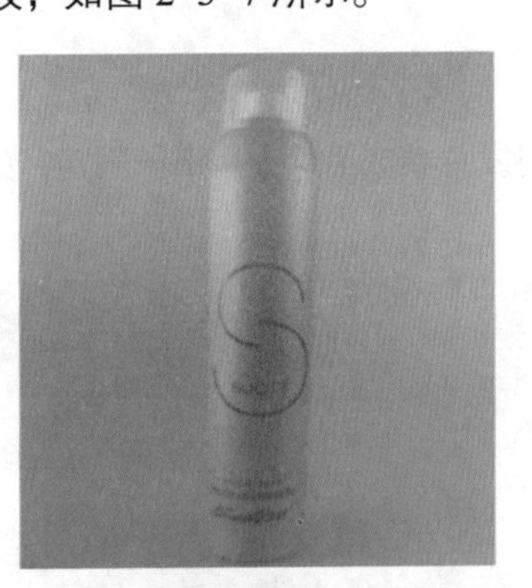

图 2-3-7　发胶

⑦“U”形卡，如图 2-3-8 所示。

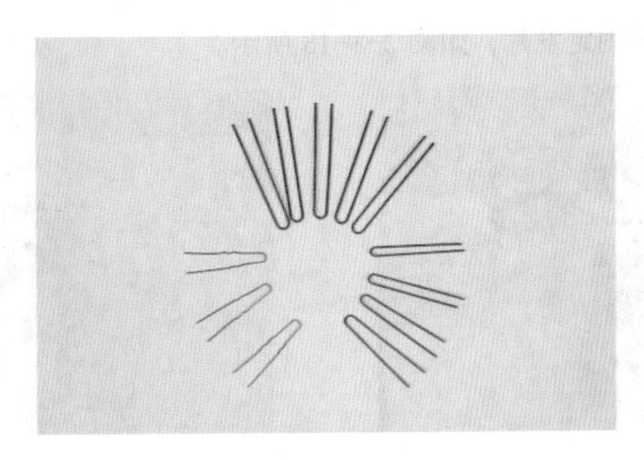

图 2-3-8　“U”形卡

## 【方法指引】

**玫瑰卷的扎梳方法：**

①取拇指粗细的一束头发，梳理成发片状，内侧根部打毛，如图 2-3-9 所示。

图 2-3-9　根部打毛

②在发片根部喷发胶定型，如图 2-3-10 所示。

图 2-3-10　根部喷发胶定型

③将发片卷成筒状，用卡子固定，如图2-3-11 所示。

图 2-3-11　卷成筒状

④按照发片方向梳顺发丝，如图 2-3-12 所示。

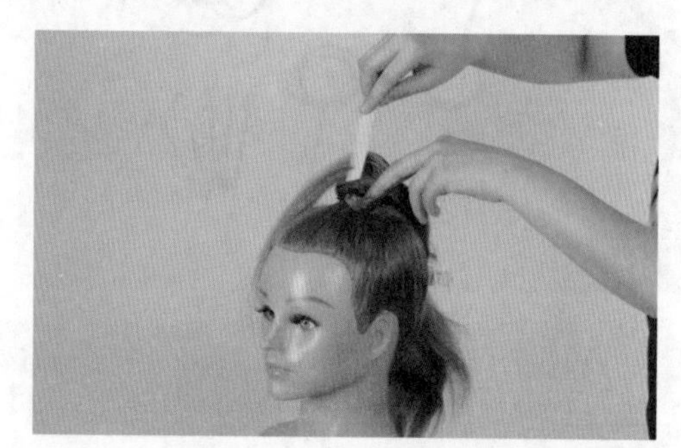

图 2-3-12　梳顺发丝

⑤喷发胶定型，用夹子固定发片，如图 2-3-13 所示。

(a)

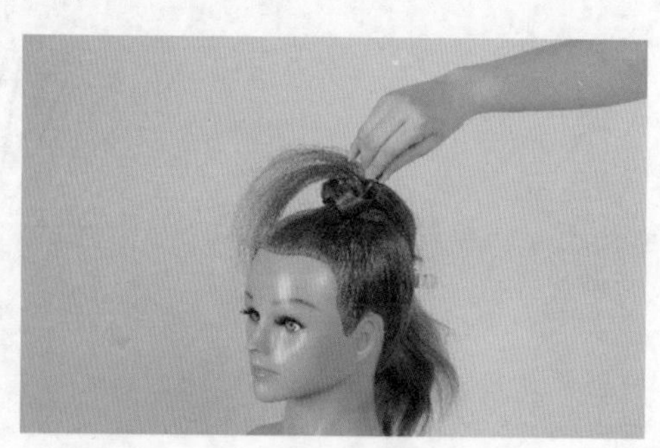

(b)

图 2-3-13　定型、固定发片

⑥重复前两步操作，如图 2-3-14 所示。

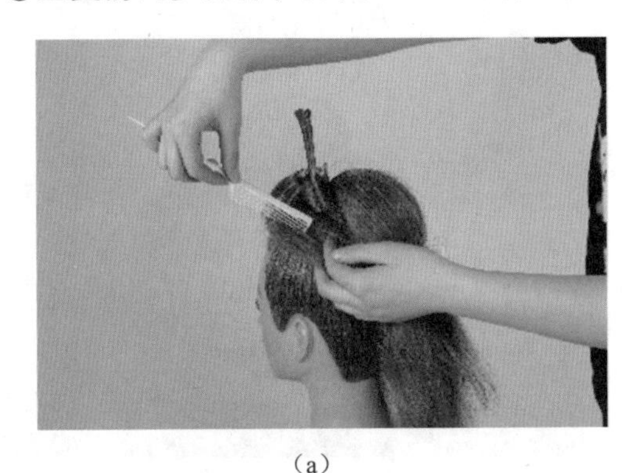

（a）　　（b）

图 2-3-14　重复操作

⑦用黑卡固定发片，如图 2-3-15 所示。

图 2-3-15　固定发片

⑧完成效果，如图 2-3-16 所示。

图 2-3-16　完成效果

## 【质量标准】

1. 梳理方法正确。
2. 发卷饱满，有光泽。
3. 固定牢固，不露发卡。
4. 发型美观。

## 【任务实践】

欧式新娘盘发造型梳理步骤如下：

①分区，如图 2-3-17 所示。

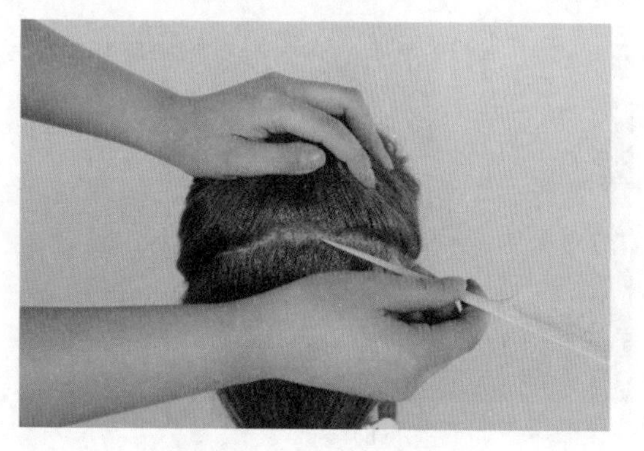

图 2-3-17 分区

②正面分刘海发区，如图 2-3-18 所示。

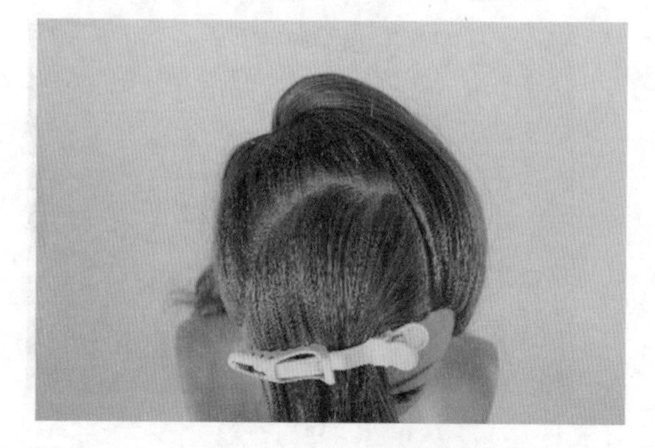

图 2-3-18 分刘海发区

③从耳后点向上至黄金点分出头顶发区，如图 2-3-19 所示。

图 2-3-19 分出头顶发区

④将后发区右侧头发纵向分片逆梳，如图 2-3-20 所示。

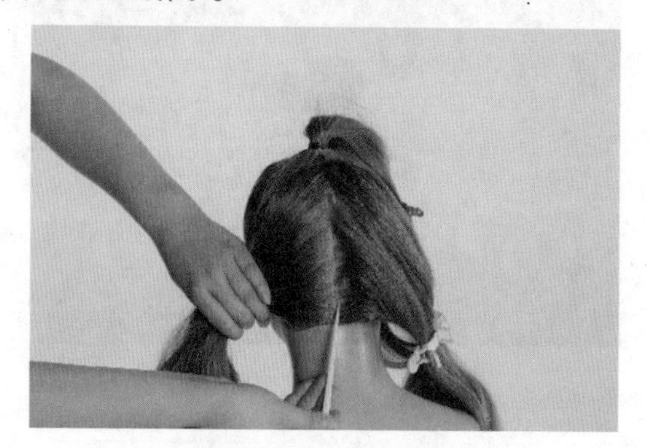

图 2-3-20 分片逆梳

⑤梳顺发片表面，向上提拉发片 45 度，如图 2-3-21 所示。

图 2-3-21 提拉发片 45 度

⑥向内扭转发片，形成发包，如图 2-3-22 所示。

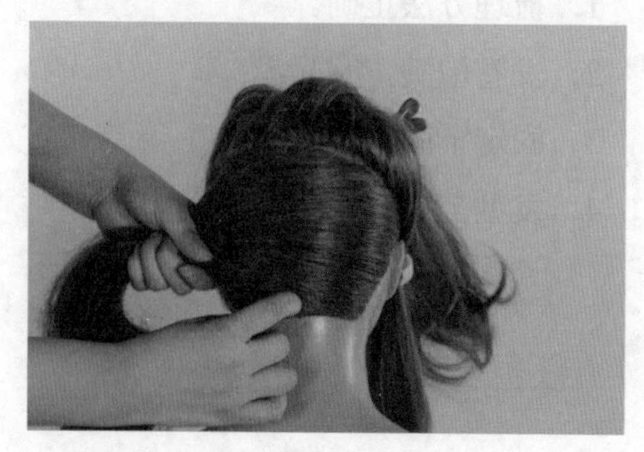

图 2-3-22 做发包

⑦用黑卡固定发包，喷发胶整理，如图2-3-23所示。

图 2-3-23　用黑卡固定发包

⑧再将另一侧头发做成发包，如图 2-3-24 所示。

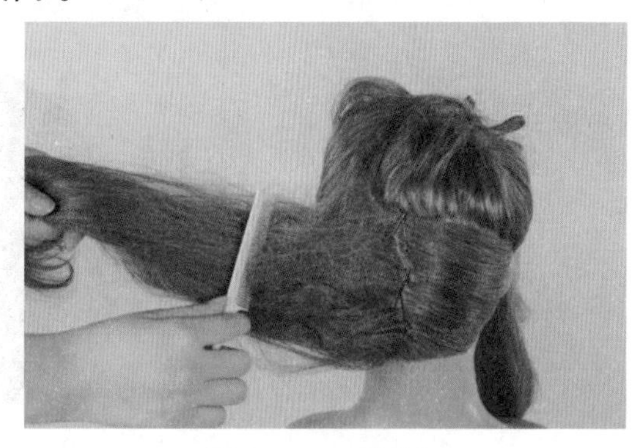

图 2-3-24　做发包

⑨固定整理，如图 2-3-25 所示。

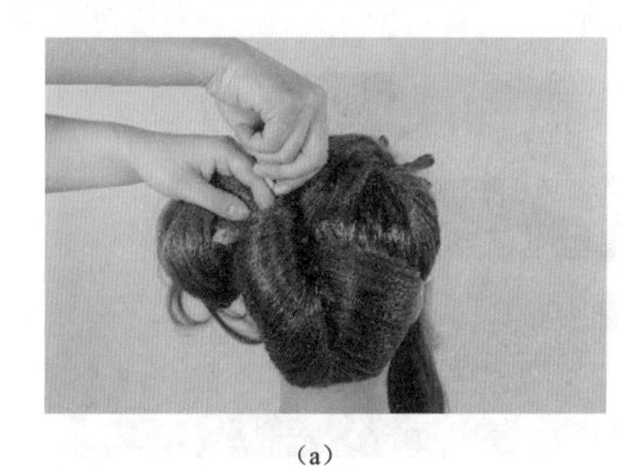

（a）

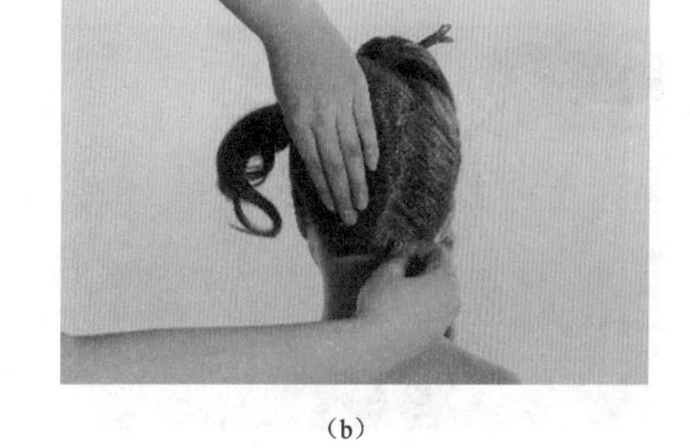

（b）

图 2-3-25　固定整理

⑩将头顶发区头发向上扎梳成马尾，如图 2-3-26 所示。

图 2-3-26　将头顶发区头发向上扎梳成马尾

⑪ 将马尾内侧从根部打毛，如图 2-3-27 所示。

图 2-3-27　马尾根部打毛

⑫ 将发片表面发丝梳光梳顺，如图 2-3-28 所示。

图 2-3-28 梳顺发片

⑬ 将梳顺的发片表面喷发胶定型，如图 2-3-29 所示。

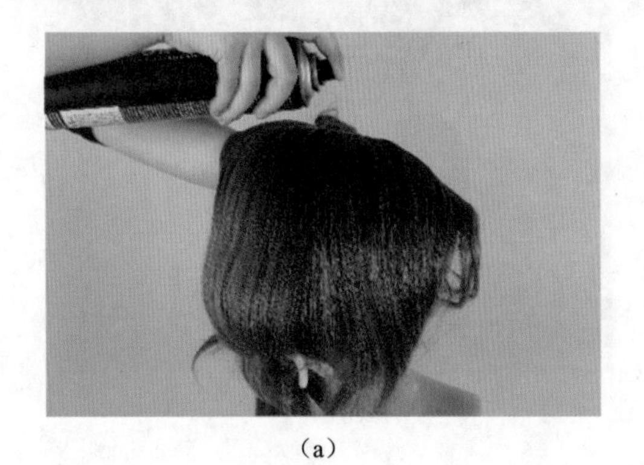

（a）

（b）

图 2-3-29 喷发胶定型

⑭ 将发片卷起成卷状，用黑卡固定，如图 2-3-30 所示。

图 2-3-30 固定发卷

⑮ 向下拉开发卷两端，使发卷变形，用黑卡固定，如图 2-3-31 所示。

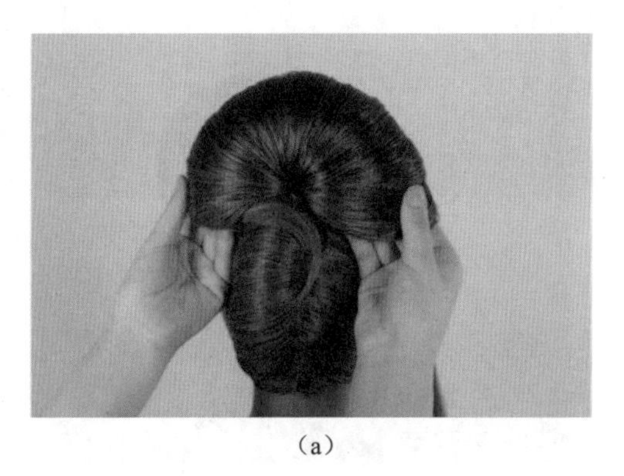
（a）

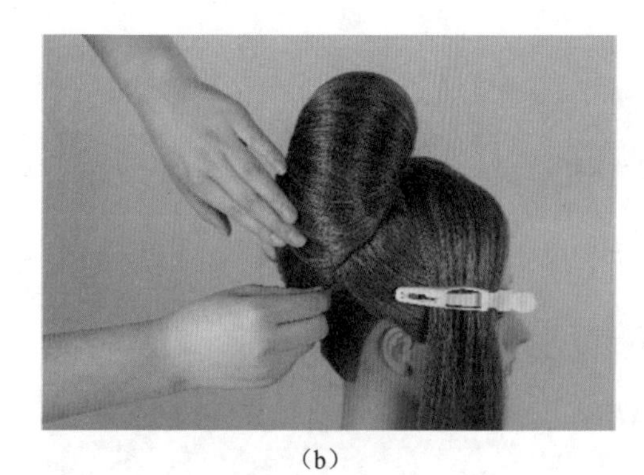
（b）

图 2-3-31　拉开发卷，固定发型

⑯ 将刘海发区头发紧贴前额右侧发片梳理，如图 2-3-32 所示。

图 2-3-32　将刘海发区头发紧贴前额右侧梳理

⑰ 将前额发区的发梢向头后梳理，在头后做发环，如图 2-3-33 所示。

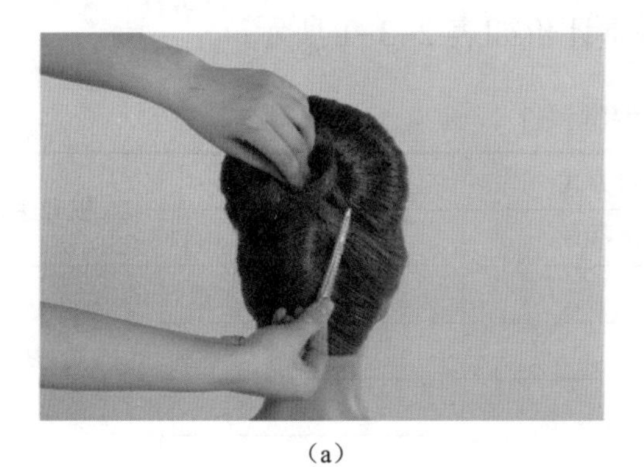
（a）

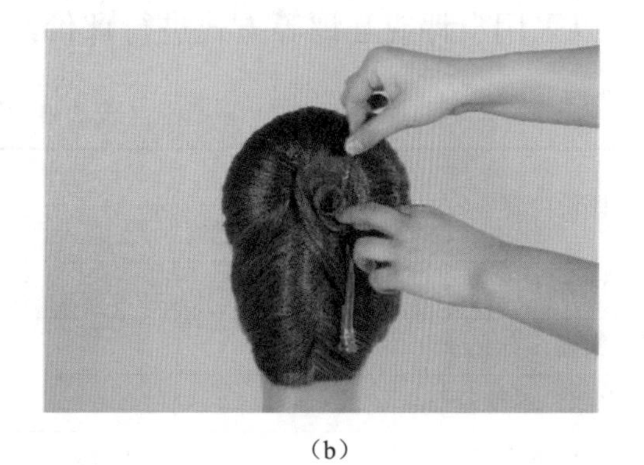
（b）

图 2-3-33　做发环

⑱ 整理发型，如图 2-3-34 所示。

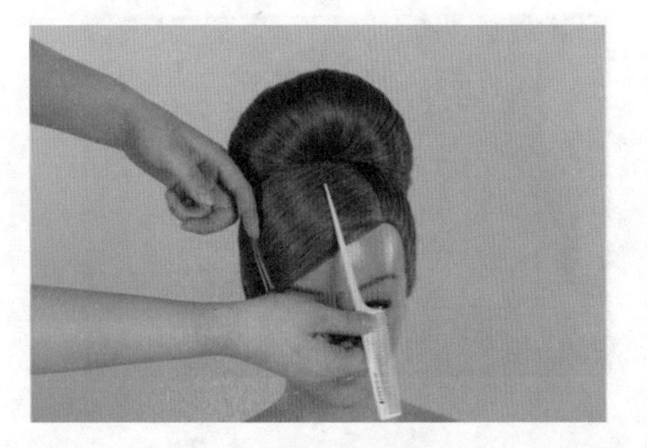

图 2-3-34 整理发型

⑲ 正面效果，如图 2-3-35 所示。

图 2-3-35 正面效果

⑳ 侧面效果，如图 2-3-36 所示。

图 2-3-36 侧面效果

㉑ 背面效果，如图 2-3-37 所示。

图 2-3-37 背面效果

## 【课堂评价】

可以采用自评或互评等方式进行评价，课堂评价如表 2-3-1 所示。

表 2-3-1 课堂评价

| 评价内容 | 评价方式 | | | 提升建议 |
|---|---|---|---|---|
| | 自评 /20% | 互评 /30% | 师评 /50% | |
| 梳理方法正确 | | | | |
| 发卷饱满，有光泽 | | | | |
| 固定牢固，不露发卡 | | | | |
| 发型美观 | | | | |
| 反思评价 | | | | |

## 【课后拓展】

1. 课下在公仔头上完成两个玫瑰卷梳理练习、一个双边包髻练习。
2. 在公仔头上完成这款新娘盘发造型。
3. 介绍梳理单边包髻和双边包髻需要注意的问题。

## 【模块小结】

本单元主要介绍了发卷、包髻、玫瑰卷的概念及特点，并在梳理方法上做了细致的讲解。通过对基本技法的讲解，帮助大家完成新娘盘发造型的任务。

## 【模块检测】

**一、判断题**

1. 发髻是指利用各种技法，将头发集中或堆砌到某一个部位上所表现出来的形状。（　　）
2. 高髻能显示出女性的成熟与稳重。（　　）
3. 中髻能显示出女性的挺拔与秀丽。（　　）
4. 低髻能显示出女性的沉稳与干练。（　　）
5. 包髻是指将头发外侧倒梳，使其蓬松。（　　）
6. 中髻能减少后枕骨突出的不足。（　　）
7. 包髻是指把头发表面的头发打毛，将其卷成所需的形状。（　　）
8. 单边包髻是指向一侧包卷发髻。（　　）
9. 双边包髻和单边包髻在外观上看没有太明显的区别。（　　）
10. 梳理发卷时内侧不用打毛。（　　）

**二、选择题**

1. 发髻可分为包髻、扎髻和（　　）。

A．扎髻　　B．单包　　C．包扎混合

2．包髻可分为单边包髻和（　　）两种。

A．双边包髻　　B．卷髻　　C．变形发卷

3．发卷可分为平卷、竖卷和（　　）。

A．变形发卷　　B．低卷　　C．高卷

4．玫瑰卷梳理时，发片可以（　　）。

A．不打毛　　B．变形　　C．发丝不顺

5．高髻位于（　　）下方。

A．头顶　　B．枕骨　　C．颈部

# 模块三　宴会盘发造型

【内容介绍】

宴会盘发造型突出女性的高贵与华丽气质，体现现代与古典的美感。由于宴会盘发适用于晚宴，因而发式与晚宴服饰需相得益彰，以烘托主人的雍容华贵。梳理宴会发型时，要注意发丝的光滑、流畅。

【学习任务】

1. 掌握中餐宴会盘发造型的特点以及基本的编梳流程。
2. 正确选择梳理工具，重点掌握尖尾梳、皮筋、黑卡、发夹的使用方法。
3. 初步掌握波纹、发片的梳理方法。
4. 能使用礼貌用语接待顾客，具有一定的安全意识、卫生意识。

# 任务一　中餐宴会盘发造型

【任务情境】

高耸的复古盘发发型是中餐宴会盘发的一个经典式造型。没有烫染的纯粹造型，配合无刘海式的发型设计，最显女性脸型的精致感。李女士要去参加一个传统婚礼，她选择了一套中式礼服，想搭配一款符合场合和服装的发型。下面我们就来帮她设计一个适合中餐宴会的盘发造型吧！

【学习目标】

1．掌握中餐宴会盘发造型的特点以及基本的编梳流程。

2．正确选择梳理工具，重点掌握尖尾梳、皮筋、黑卡、发夹的使用方法。

3．初步掌握波纹的梳理方法。

4．能用礼貌用语接待顾客，具有一定的安全意识、卫生意识。

## 【前期准备】

### 知识链接

盘发基础饰品佩戴技法

在发型设计中，发饰是整体发式的辅助部分，可以突出和强调发型的整体美。对于发饰的选用，关键在于恰到好处、画龙点睛，宜少不宜多，不能不分发型风格乱戴。佩戴发饰最重要的是，要达到既高雅又美观的效果。

### 一、生活类

生活类发型有简洁、朴实的特点，所以一般选用一些简单素雅、不张扬的饰物，如发夹、发带、发插等，但由于每个人脸型、身材、年龄及服饰色彩的不同，所以选择的发饰也不尽相同。一般儿童要选择颜色较艳丽的发饰，可以尽显孩子的天真活泼；年轻人选配的发饰也可以鲜艳，但是面积要小；中年人选择的发饰颜色就要素雅一些；老年人的发饰颜色要少而暗。

### 二、宴会类

宴会类发型属于优雅、庄重的发型。发饰选配不宜过分夸张，颜色不宜太艳，应以精致、大方为主，以迎合宴会的氛围。

### 三、舞会类

舞会类发型有唱歌发型和舞蹈发型之分。前者可以加花朵、珠链等发饰；后者因为活动幅度大，发饰应以缎带扎结或紧贴头皮的装饰为主。

### 四、婚礼类

婚礼类发型高雅华贵、精细美观，选用的发饰不仅要显示出艳丽、华贵和高雅，还要象征吉祥。

## 五、时尚类

时尚类发型前卫、独特，可做到与其他人不同，给人以新鲜、冲击、与众不同之感。在佩戴发饰时，可以不按寻常的方法佩戴。

### 工具准备

①尖尾梳，如图 3-1-1 所示。

图 3-1-1　尖尾梳

②公仔头，如图 3-1-2 所示。

图 3-1-2　公仔头

③发夹，如图 3-1-3 所示。

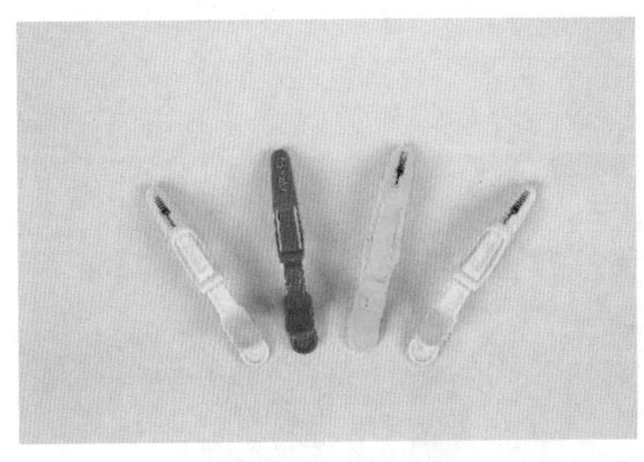

（a）

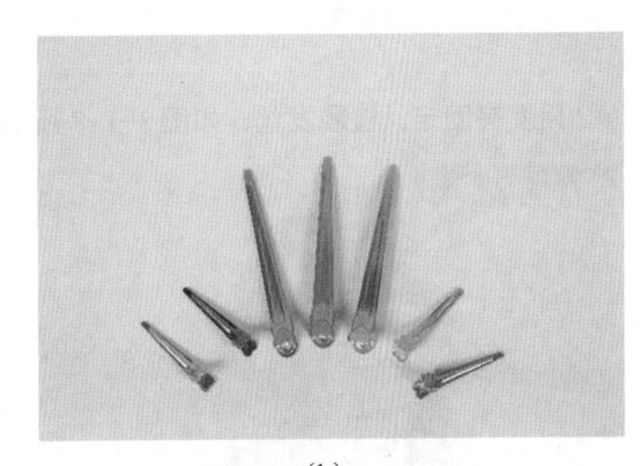

（b）

图 3-1-3　发夹

④黑卡，如图 3-1-4 所示。

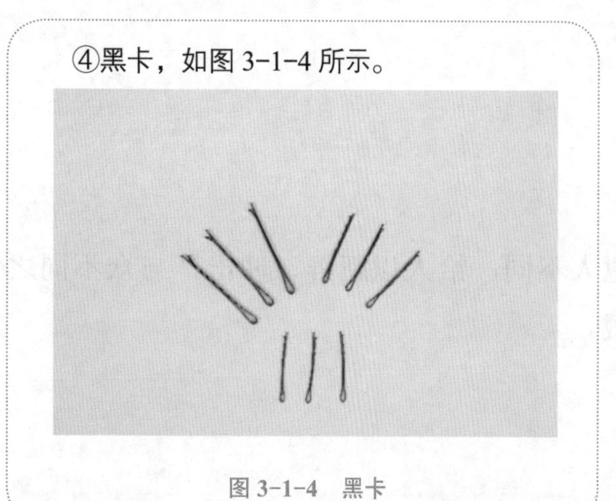

图 3-1-4　黑卡

⑤发胶，如图 3-1-5 所示。

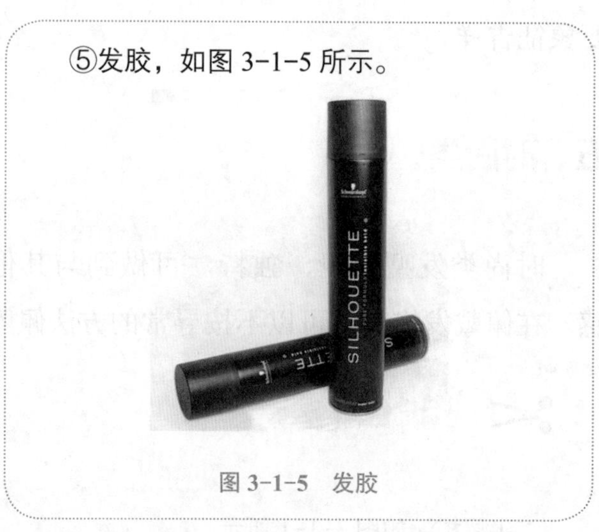


图 3-1-5　发胶

## 【方法指引】

**手推波纹的梳理方法如下：**

①将头发梳成发片，发梳垂直发丝向后推，如图 3-1-6 所示。

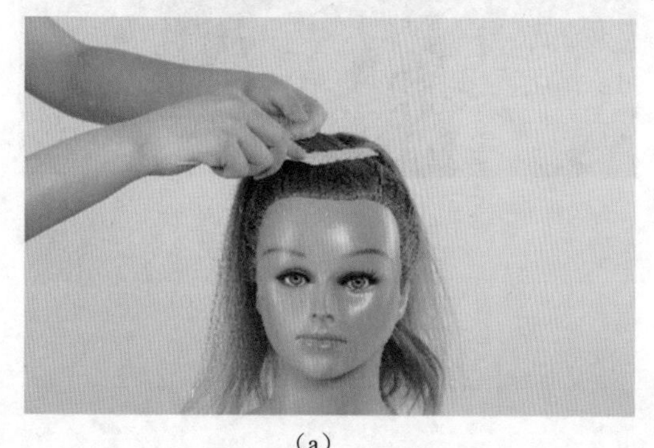

（a）

（b）

图 3-1-6　梳发片

②用发夹固定，梳顺发丝，如图 3-1-7 所示。

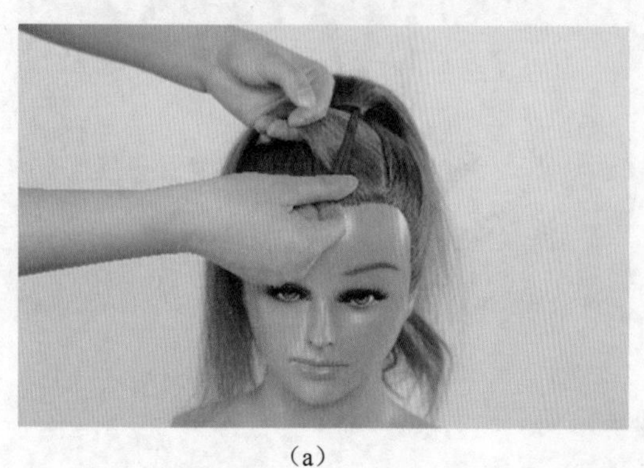

（a）

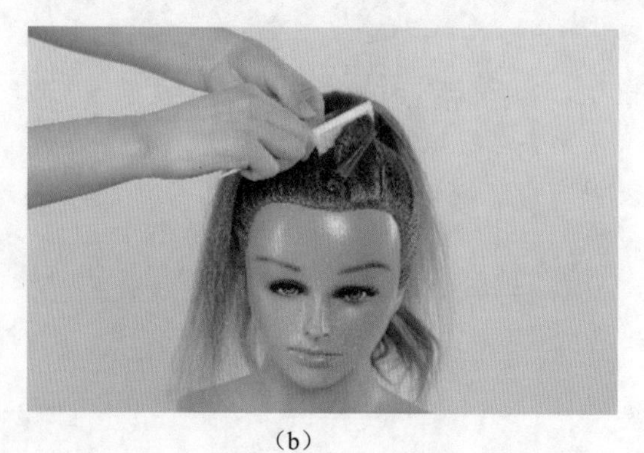

（b）

图 3-1-7　梳顺发丝

③再用发夹固定，如图 3-1-8 所示。

图 3-1-8　再用发夹固定

④右手拿发梳垂直于头发向前梳，左手食指、中指夹发片向后向右推出波纹，如图 3-1-9 所示。

图 3-1-9　推出波纹

⑤重复第 2 至第 4 步，完成手推波纹，喷发胶定型，如图 3-1-10 所示。

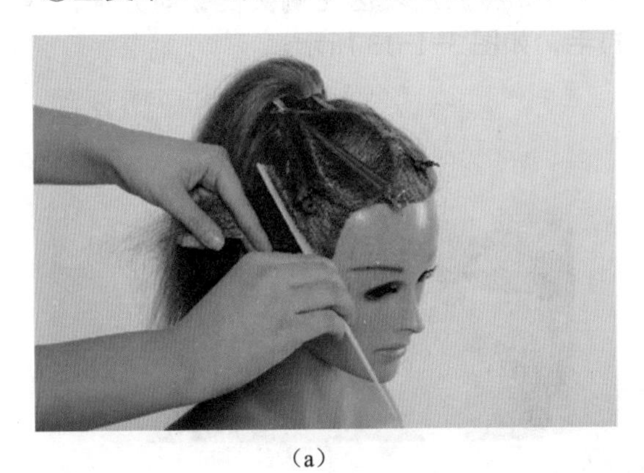

（a）

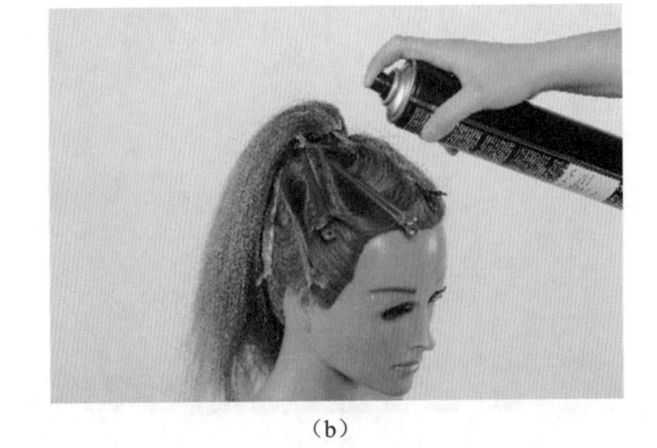

（b）

图 3-1-10　喷发胶固定

⑥完成造型，如图 3-1-11 所示。

图 3-1-11　完成造型

## 【质量标准】

1．梳理方法正确。
2．发卷饱满，有光泽。
3．固定牢固。
4．不露发卡。

## 【任务实践】

**中餐宴会盘发造型梳理步骤如下：**

①将全头分成两个发区，如图3-1-12所示。

图3-1-12　分区

②先将头后发区左侧头发纵向分片，根部打毛，如图3-1-13所示。

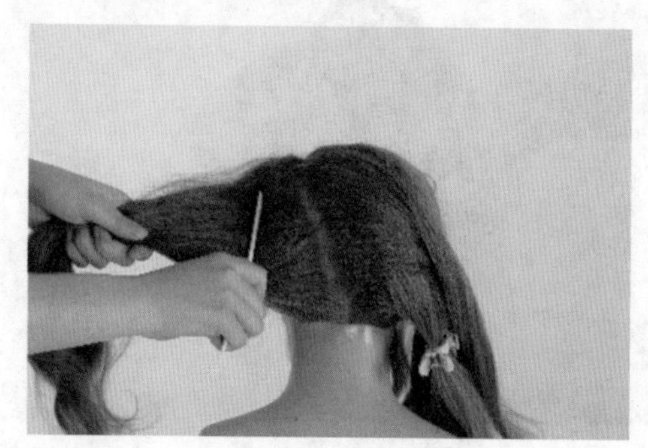

图3-1-13　根部打毛

③梳顺发片表面发丝，如图3-1-14所示。

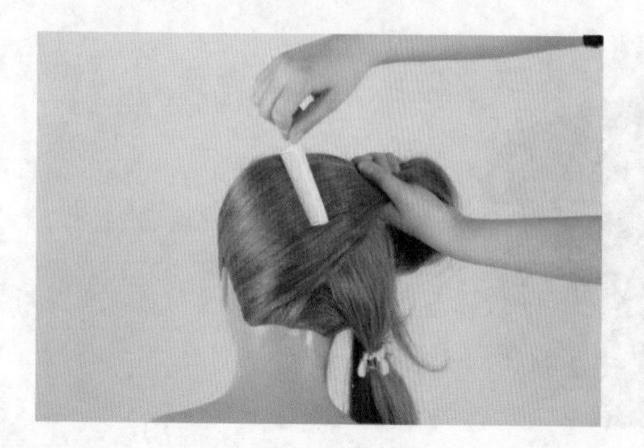

图3-1-14　梳顺发片

④向内包卷发片形成发包，如图3-1-15所示。

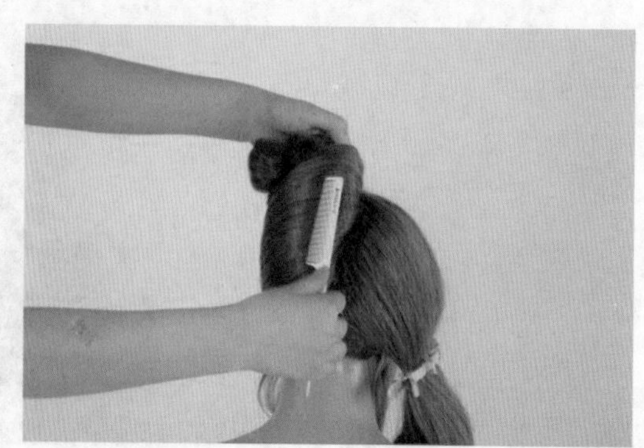

图3-1-15　做发包

⑤用黑卡沿发包边缘固定，如图 3-1-16 所示。

图 3-1-16　固定发包

⑥梳顺发包表面发丝，如图 3-1-17 所示。

图 3-1-17　梳顺发包

⑦将右侧发片根部打毛，如图 3-1-18 所示。

图 3-1-18　打毛发片

⑧向内包卷发片成发包，梳顺发包表面，如图 3-1-19 所示。

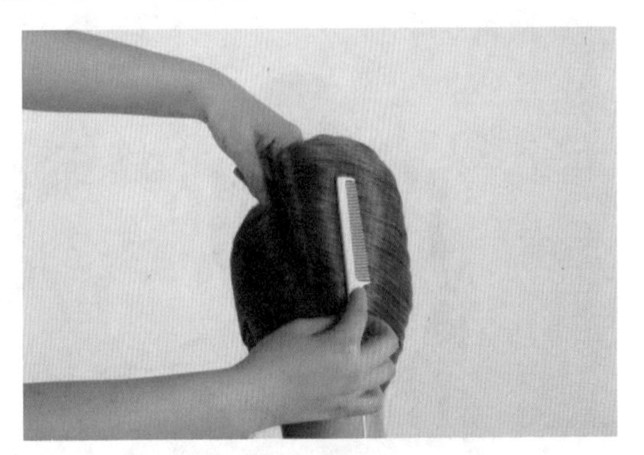

图 3-1-19　梳顺发包表面

⑨沿发包边缘用黑夹固定，如图 3-1-20 所示。

图 3-1-20　固定发包

⑩将甩出的发梢梳顺，成发片状，如图 3-1-21 所示。

图 3-1-21　梳顺发梢

⑪ 用发梳推出波纹，如图 3-1-22 所示。

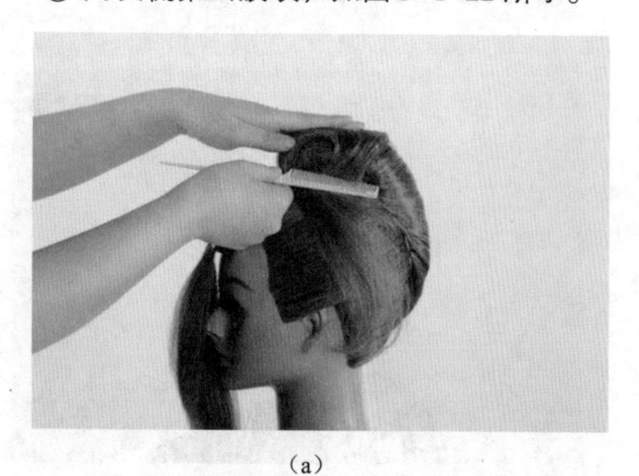
（a）

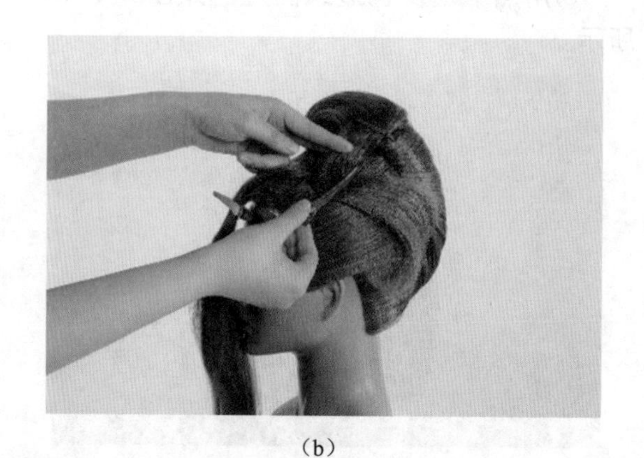
（b）

图 3-1-22 推出波纹

⑫ 用发梢做发环，如图 3-1-23 所示。

图 3-1-23 用发梢做发环

⑬ 将刘海发区头发梳理成发片状，如图 3-1-24 所示。

图 3-1-24 梳理刘海

⑭ 右手将梳子竖起，向后推发丝，左手向前推出波纹，如图 3-1-25 所示。

图 3-1-25 推出波纹

⑮ 用发卡固定，如图 3-1-26 所示。

图 3-1-26 用发卡固定

⑯ 重复 14 至 15 步的做法，推出第二个波纹，如图 3-1-27 所示。

（a）

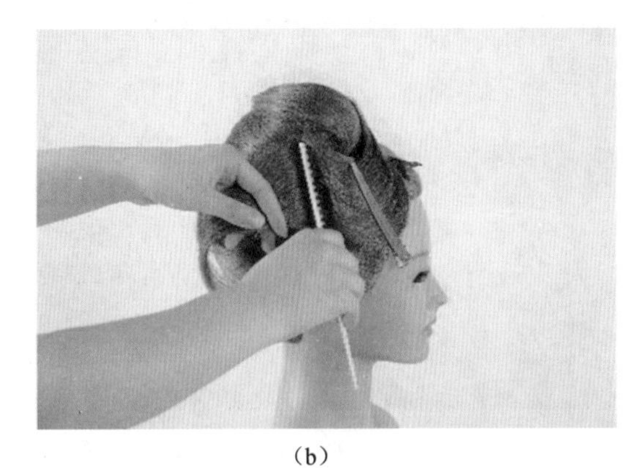

（b）

图 3-1-27　重复推波纹

⑰ 用发梢做成发环，如图 3-1-28 所示。

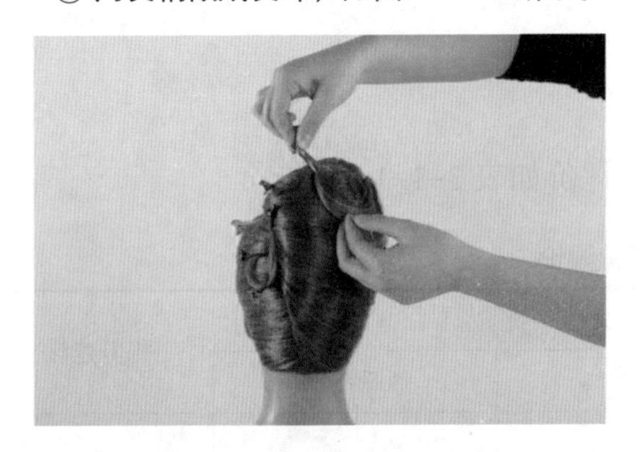

图 3-1-28　用发梢做成发环

⑱ 整理发型，如图 3-1-29 所示。

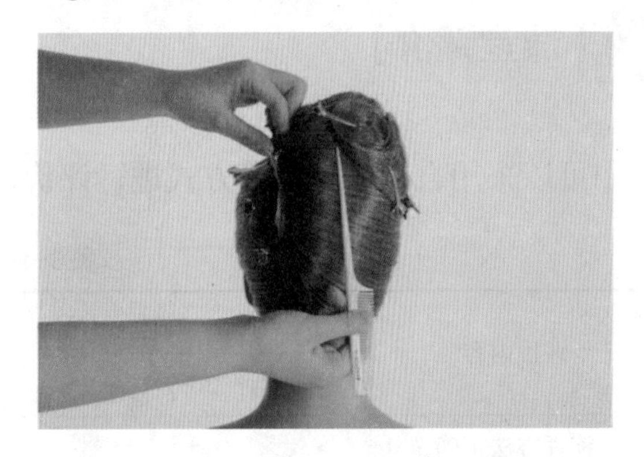

图 3-1-29　整理发型

⑲ 完成造型，如图 3-1-30 所示。

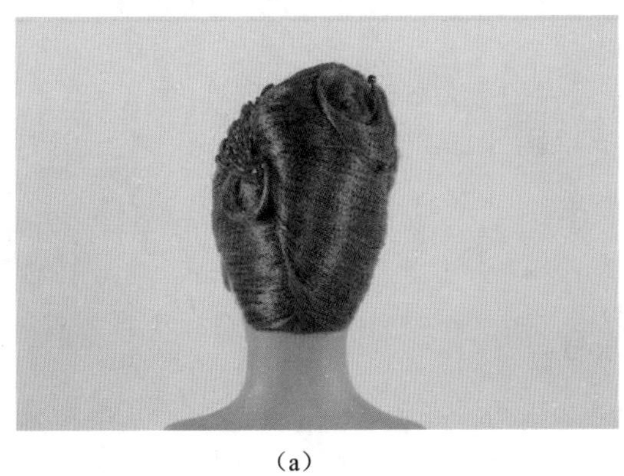

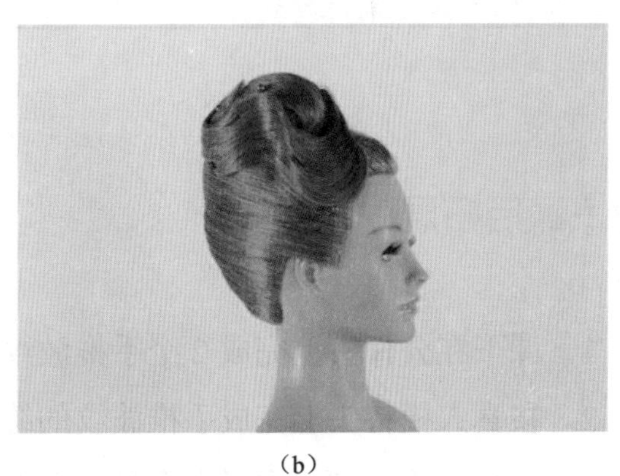

（a）　（b）

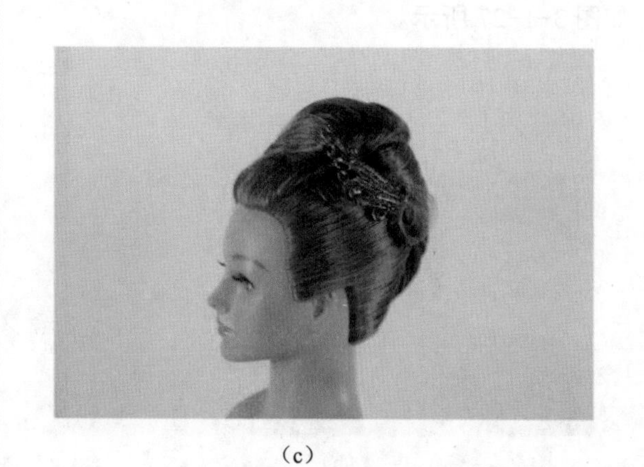
（c）

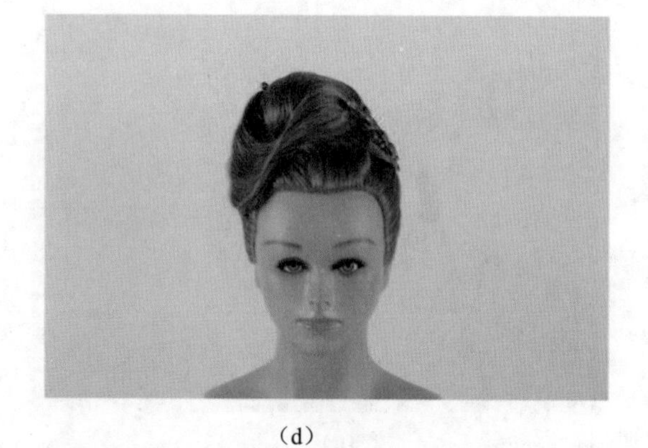
（d）

图 3-1-30 完成造型（续）
（c）左侧面效果；（d）正面效果

## 【课堂评价】

可以采用自评或互评等方式进行评价，课堂评价如表 3-1-1 所示。

表 3-1-1 课堂评价

| 评价内容 | 评价方式 | | | 提升建议 |
|---|---|---|---|---|
| | 自评 /20% | 互评 /30% | 师评 /50% | |
| 梳理方法正确 | | | | |
| 发丝光亮顺滑 | | | | |
| 发型美观 | | | | |
| 反思评价 | | | | |

## 【课后拓展】

1．课下在公仔头上完成 2 个手推波纹梳理练习。
2．在真人模特头上完成手推波纹的练习。
3．在公仔头上完成中餐宴会盘发造型的梳理。

#  西餐宴会盘发造型

【任务情境】

西餐宴会盘发造型属于宴会盘发的一种，优雅的盘发烘托出主人的雍容华贵，再配合得体的着装，会凸显女性独特的韵味。王女士今天晚上要参加一个西餐宴会派对，请你为她设计、梳理一款合适的盘发造型。

【学习目标】

1．掌握西餐宴会盘发的特点以及基本的梳理流程。

2．正确选择梳理工具，重点掌握尖尾梳、皮筋、黑卡的使用方法。

3．初步掌握飞碟片、贝壳片的梳理方法和质量标准。

4．掌握西餐宴会盘发造型的梳理方法，具备西餐宴会盘发造型梳理的能力。

5．能使用礼貌用语接待顾客，具有一定的安全意识、卫生意识。

## 【前期准备】

### 如何选择盘发饰物

饰物是点缀或衬托发型的各类装饰物。在盘发造型中，巧妙运用饰物可使发型“锦上添花”。因此，了解饰物选配知识并掌握简单的制作方法是非常有必要的。饰物选配的原则和要求如下：

**1．符合发型的风格特点**

每一款发型都具有自身的风格和特点，有相适应的场合。饰物作为装饰物，必须根据发型的创作理念加以选择。例如：中式新娘盘发应以红花装饰为宜；西式新娘盘发，则大多以白色头饰和头纱装饰。

**2．注重发型的审美要求**

饰物的选配是盘发设计的一个重要组成部分，应能衬托出发型的整体美感，要符合发型的审美要求，应选用款式新颖、工艺精致的发饰。

**3．注意饰物的色彩搭配**

饰物的色彩要与服装的颜色、发型及妆型相协调，形成整体造型上下、前后的呼应关系。可以用色彩对比的方法进行对比色的搭配，也可以用同色系搭配的方法进行同一颜色的深浅搭配。

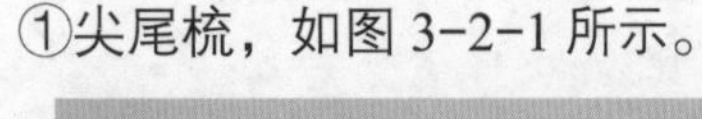


①尖尾梳，如图 3-2-1 所示。

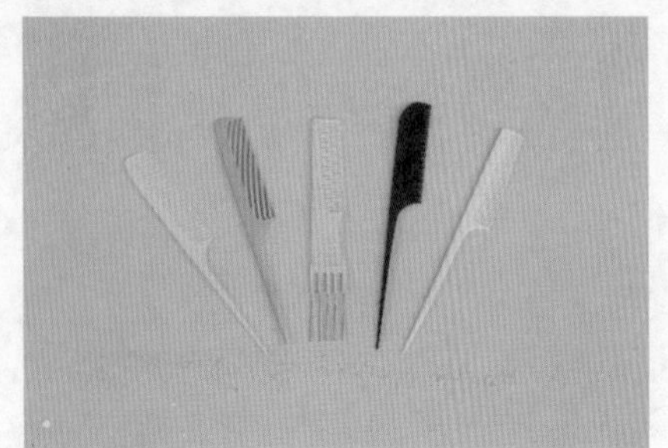

图 3-2-1　尖尾梳

②公仔头，如图 3-2-2 所示。

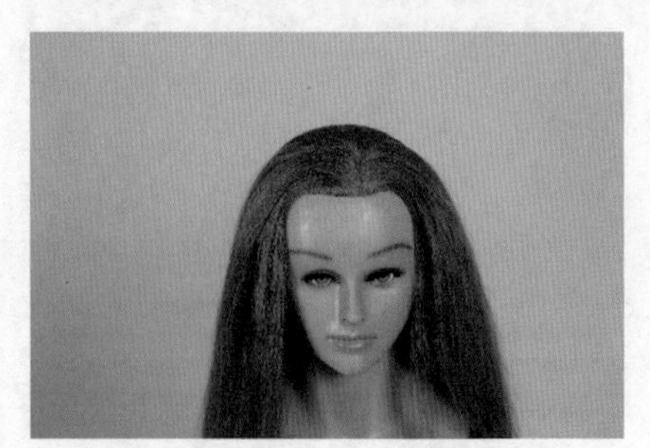

图 3-2-2　公仔头

③皮筋，如图 3-2-3 所示。

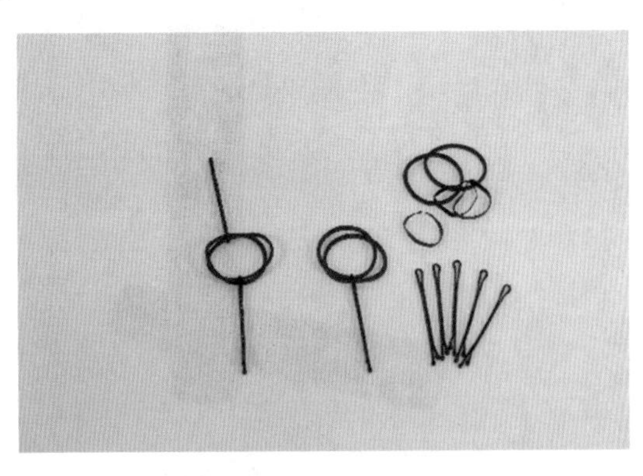

图 3-2-3　皮筋

④发夹，如图 3-2-4 所示。

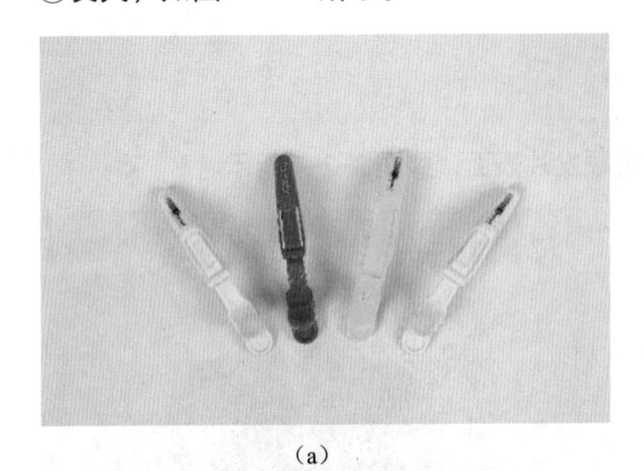

（a）

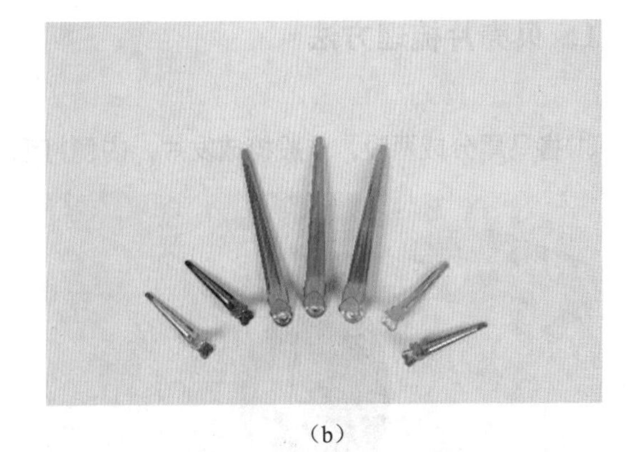

（b）

图 3-2-4　发夹

⑤黑卡，如图 3-2-5 所示。

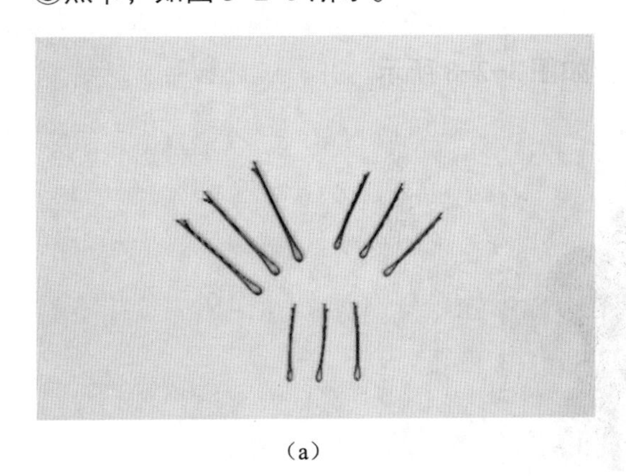

（a）

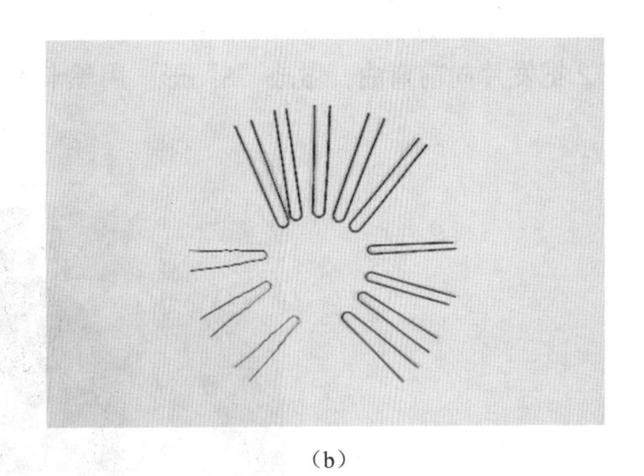

（b）

图 3-2-5　黑卡

⑥发胶，如图 3-2-6 所示。

图 3-2-6 发胶

## 【方法指引】

### 1. 贝壳片梳理方法

①将马尾分成两股，一股梳成发片，内侧打毛，梳顺发片表面，如图 3-2-7 所示。

(a)

(b)

图 3-2-7 分马尾，梳顺发片

②把发片向前弯曲，做成“S”形，用黑卡固定，如图 3-2-8 所示。

图 3-2-8 弯曲成“S”形

③将头后发包甩出的发梢根部倒梳，梳顺表面，如图 3-2-9 所示。

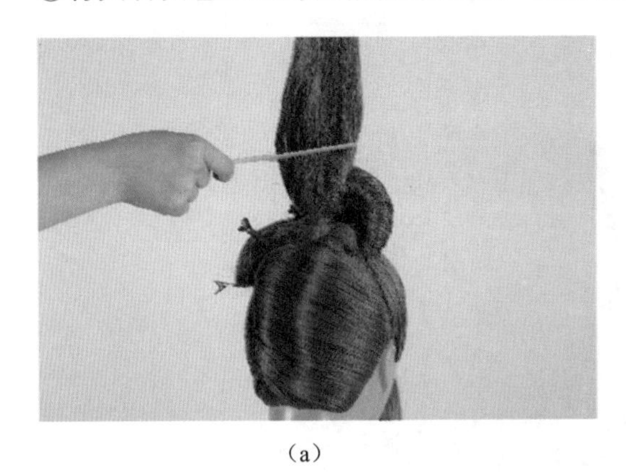
（a）

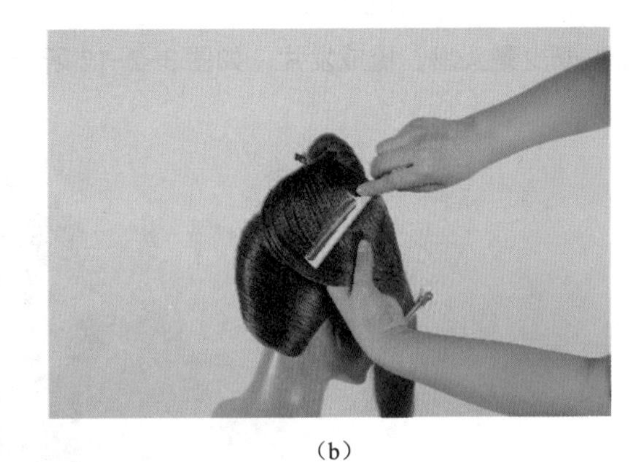
（b）

图 3-2-9　梳顺发梢

④做斜卷，调整斜卷，做好衔接，在转弯处用卡固定，如图 3-2-10 所示。

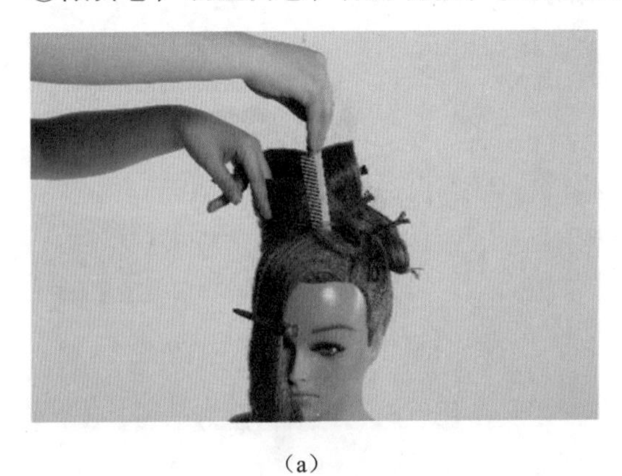
（a）

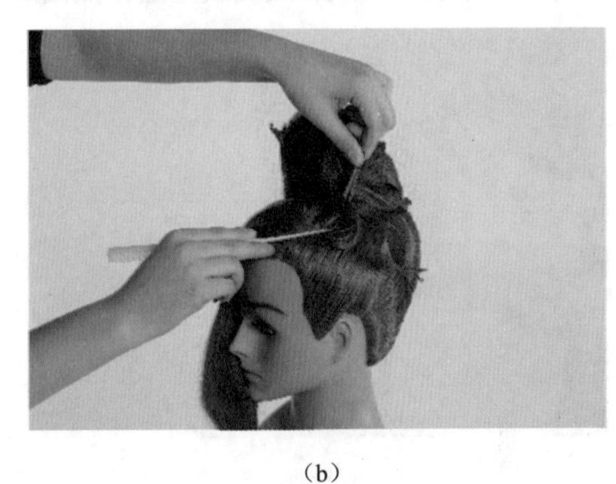
（b）

图 3-2-10　做斜卷，用卡固定

⑤完成效果，如图 3-2-11 所示。

图 3-2-11　完成效果

## 2．飞碟片扎梳方法

①取少量头发，梳成发片，如图 3-2-12 所示。

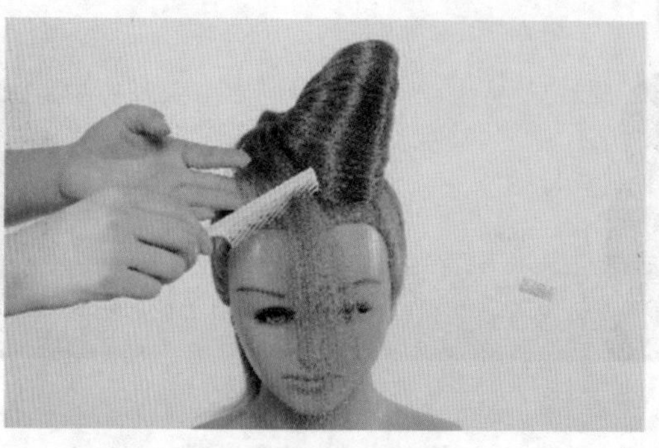

图 3-2-12 梳发片

②将发片沿发卷摆放，喷发胶定型，如图 3-2-13 所示。

（a）

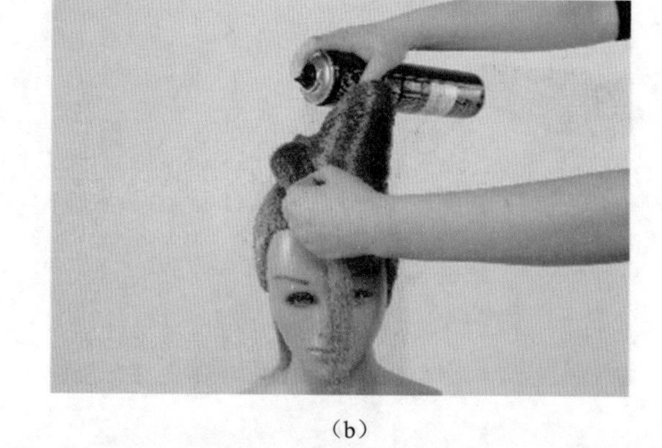

（b）

图 3-2-13 摆放发片，喷发胶固定

③用发夹固定发片根部，如图 3-2-14 所示。

图 3-2-14 固定发根

④沿发卷方向梳顺发丝，如图 3-2-15 所示。

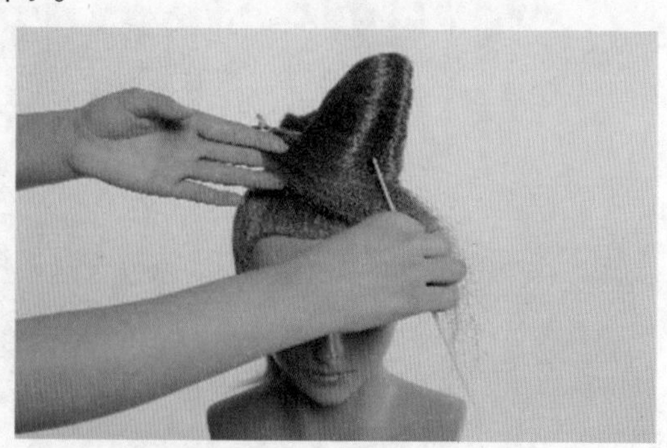

图 3-2-15 梳顺发丝

⑤喷发胶定型，如图 3-2-16 所示。

图 3-2-16　喷发胶定型

⑥用中指、食指压实发片，如图 3-2-17 所示。

图 3-2-17　压实发片

⑦完成效果，如图 3-2-18 所示。

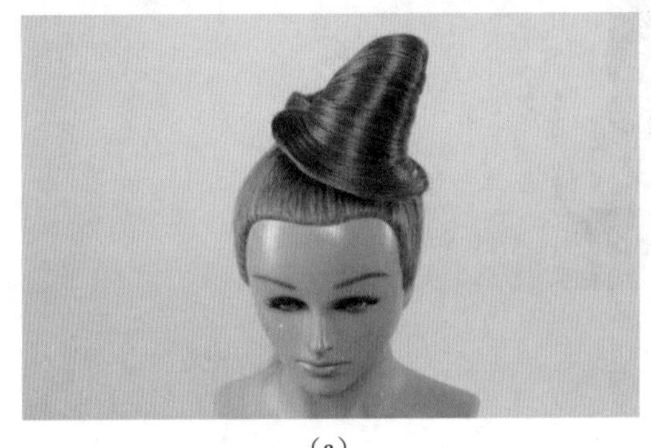

（a）

（b）

图 3-2-18　完成效果

## 【质量标准】

1. 梳理方法正确。
2. 发卷饱满，有光泽。
3. 固定牢固。
4. 不露发卡。
5. 发片位置均匀，发丝光亮顺滑。

## 【任务实践】

西餐宴会盘发的梳理步骤如下：

①全头分成三个发区，如图 3-2-19 所示。

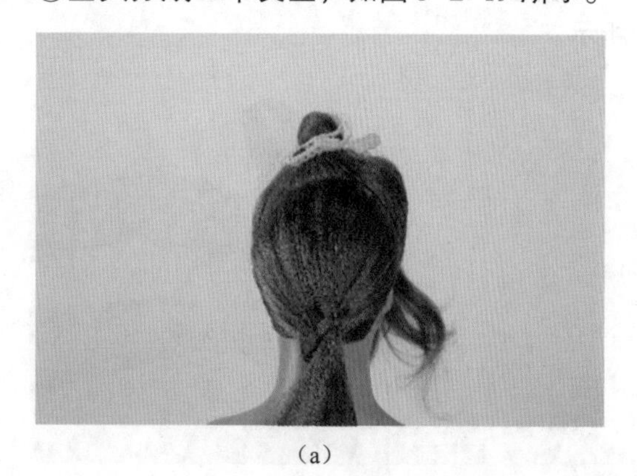

(a)

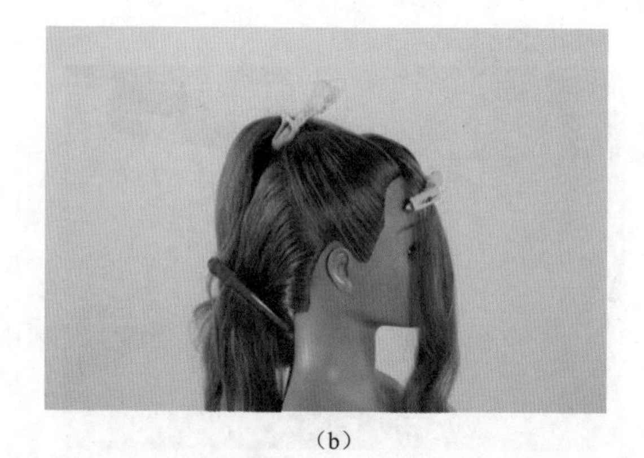

(b)

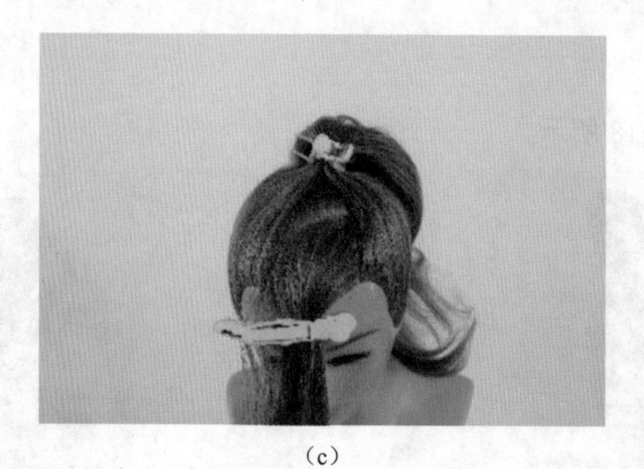

(c)

图 3-2-19 分区

②头顶发区扎梳成马尾，如图 3-2-20 所示。

图 3-2-20 扎梳马尾

③先将头后发区的头发均分成左右两部分，如图 3-2-21 所示。

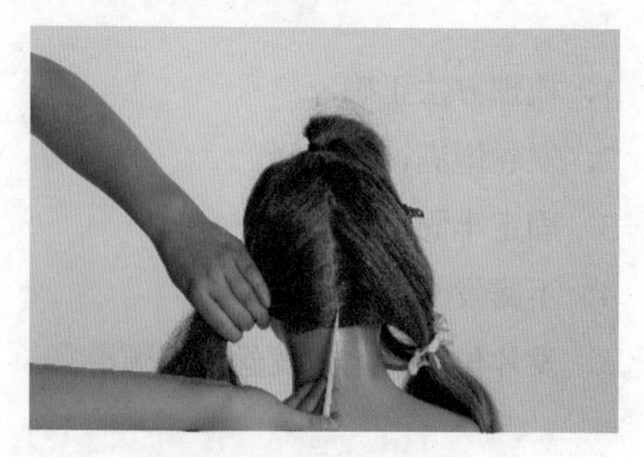

图 3-2-21 均分头后头发

④将左侧头发从发根部打毛，如图 3-2-22 所示。

图 3-2-22　根部打毛

⑤梳顺发片表面发丝，如图 3-2-23 所示。

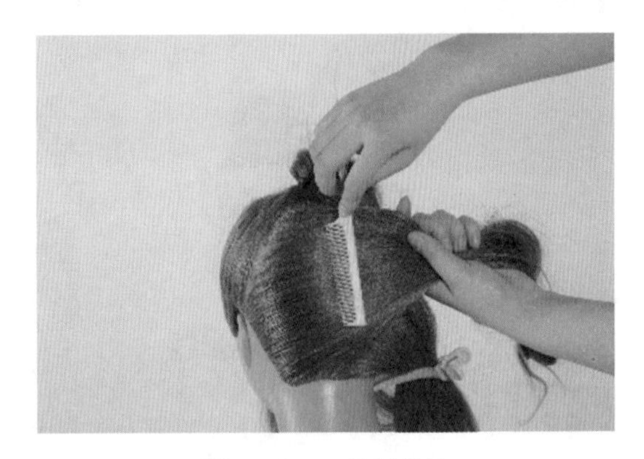

图 3-2-23　梳顺发片

⑥向内侧包卷发片，形成发包，用黑卡固定，如图 3-2-24 所示。

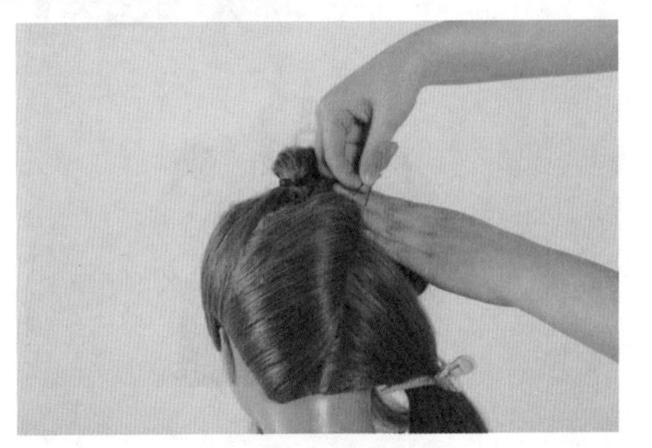

图 3-2-24　做发包

⑦再次梳顺发包表面发丝，如图 3-2-25 所示。

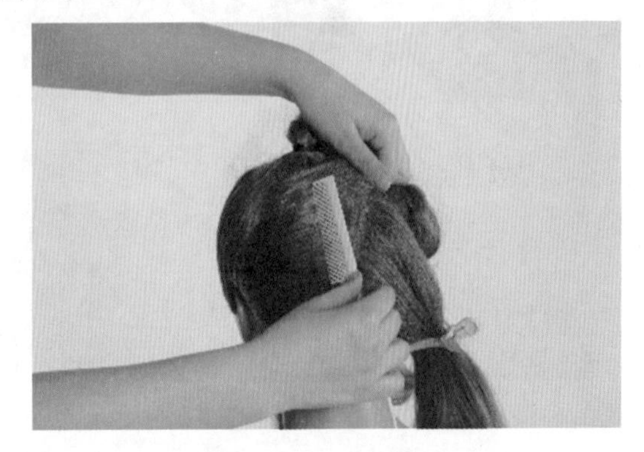

图 3-2-25　梳顺发包

⑧梳顺右侧头发，呈发片状，从发片根部打毛，如图 3-2-26 所示。

图 3-2-26　根部打毛

⑨梳顺发片表面发丝，如图 3-2-27 所示。

图 3-2-27　梳顺发片

⑩向内包卷，形成锥形发包，如图 3-2-28 所示。

图 3-2-28　做锥形发包

⑪ 用黑卡固定发包，如图 3-2-29 所示。

图 3-2-29　固定发包

⑫ 将马尾分成两股，一股梳成发片，在内侧打毛，梳顺发片表面，如图 3-2-30 所示。

(a)

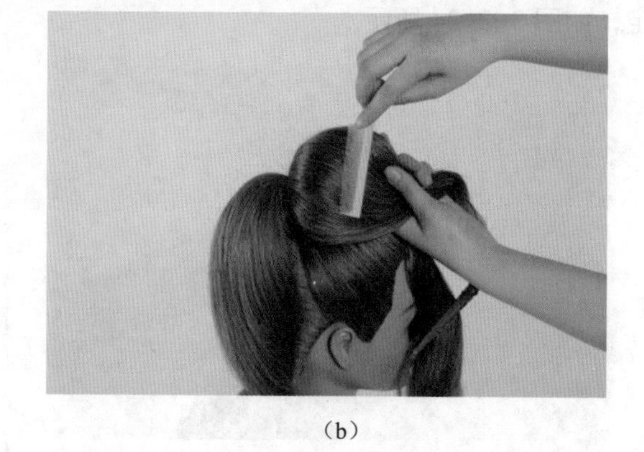

(b)

图 3-2-30　内侧打毛，梳顺发片

⑬ 把发片向前弯曲成“S”形，用黑卡固定，如图 3-2-31 所示。

图 3-2-31　弯曲成“S”形

⑭ 将头后发包甩出的发梢根部倒梳，梳顺表面，如图 3-2-32 所示。

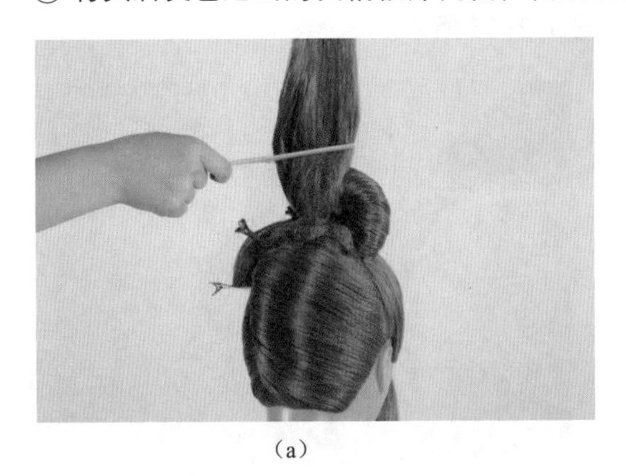
(a)

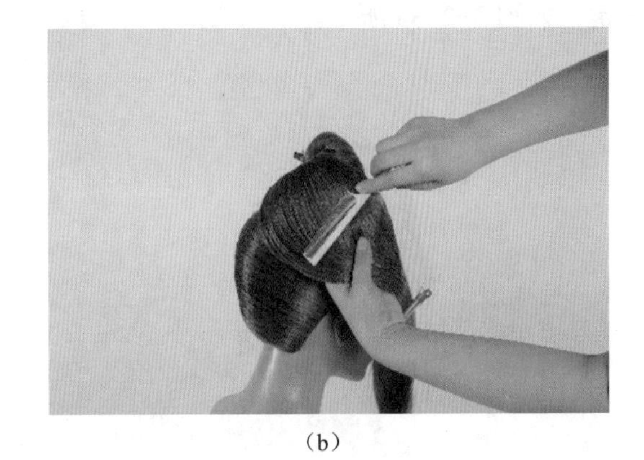
(b)

图 3-2-32　倒梳根部，梳顺表面

⑮ 做斜卷，调整斜卷，做好衔接，在转弯处用卡固定，如图 3-2-33 所示。

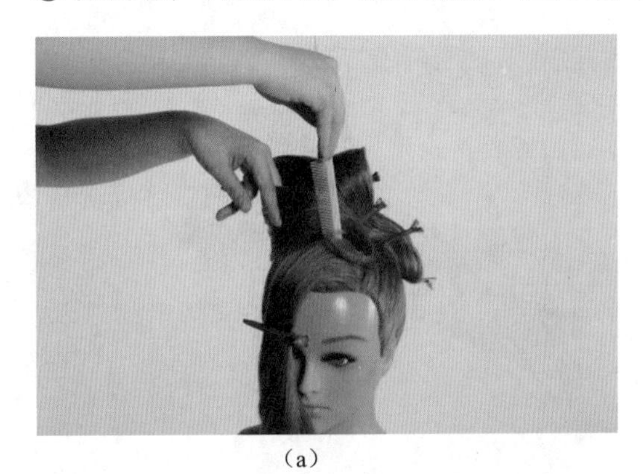
(a)

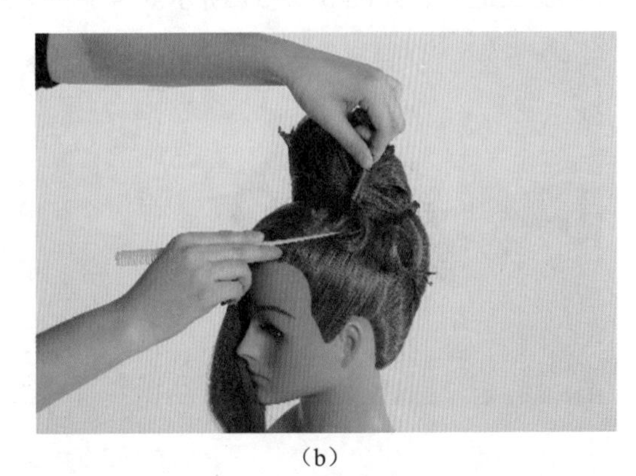
(b)

图 3-2-33　做斜卷

⑯ 梳子垂直向上，用手推出波纹，左手食指压住波纹，用卡固定，如图 3-2-34 所示。

(a)

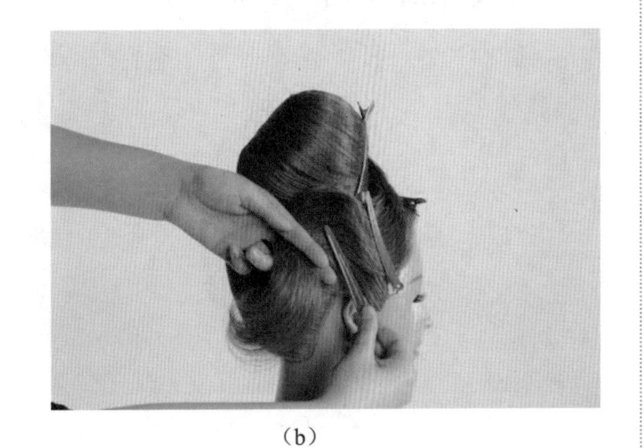
(b)

图 3-2-34　推出波纹

⑰ 梳子垂直向下，用左手推出波纹，用卡固定，如图 3-2-35 所示。

图 3-2-35　再推出波纹并固定

⑱ 重复以上两步操作，完成波纹梳理，如图 3-2-36 所示。

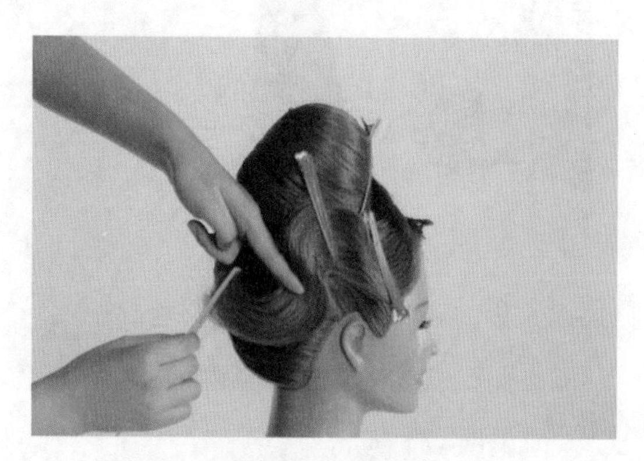

图 3-2-36　梳理波纹

⑲ 整理造型，如图 3-2-37 所示。

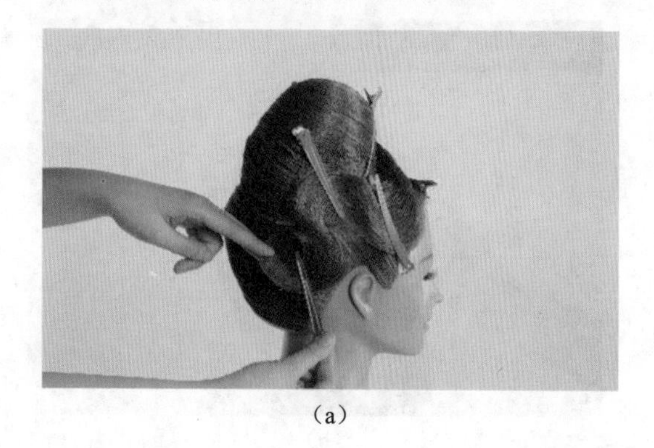

（a）

（b）

图 3-2-37　整理造型

⑳ 完成效果，如图 3-2-38 所示。

（a）

（b）

图 3-2-38　完成效果

## 【课堂评价】

可以采用自评或互评等方式进行评价，课堂评价如表 3-2-1 所示。

表 3-2-1　课堂评价

| 评价内容 | 评价方式 | | | 提升建议 |
|---|---|---|---|---|
| | 自评 /20% | 互评 /30% | 师评 /50% | |
| 梳理方法正确 | | | | |
| 发片逆梳均匀 | | | | |
| 发包饱满，发丝有光泽 | | | | |
| 固定牢固，不露发卡 | | | | |
| 发片位置均匀，发丝光亮顺滑 | | | | |
| 反思评价 | | | | |

## 【课后拓展】

1. 课下在公仔头上完成一个贝壳发片、一个飞碟发片。
2. 在公仔头上完成这款宴会盘发造型。
3. 我们在梳理发片时要注意哪些问题？

## 【模块小结】

本模块主要介绍了手推波纹、贝壳发片和飞碟发片的梳理方法和步骤，通过对基础技能和知识的讲解，帮助学生完成工作任务。

## 【模块检测】

**判断题：**

1. 在发片梳理过程中必须要打毛。（ ）
2. 宴会类发饰选配不宜过分夸张，颜色不宜太艳，应以精致、大方为主。（ ）
3. 中式婚礼选用的发饰不仅要颜色艳丽、华贵、高雅，还要象征吉祥。（ ）
4. 在发型设计中，发饰是整体发式的全部。（ ）
5. 发饰在佩戴时可以不用考虑发型特点。（ ）
6. 贝壳发片在梳理时，两片发片最好重叠在一起。（ ）
7. 做手推波纹时，发丝一定要光亮顺滑。（ ）
8. 每一款发型都具有自身的风格和特点，有相适应的场合。（ ）
9. 发饰要符合发型的审美要求，适宜选用款式新颖、工艺精致的发饰。（ ）
10. 在梳理飞碟片时，发片之间要有一定距离。（ ）